Strichliste, Tabelle, Diagramm

1. Schüler und Schülerinnen der Klasse 5a wurden befragt. Die Strichliste enthält die Ergebnisse. Bestimme die Anzahlen und trage sie in die Tabelle ein.

Geschlecht		Alter			Zur Schule			Herkunftsland			
Junge	Mädchen	10 J.	11. J.	12. J.	Bus	Rad	Zu Fuß	Deutschland	Italien	Russland	Türkei

2. In der Klasse 5a (Aufg. 1) sind insgesamt _____ Schülerinnen und Schüler.

3. Das Diagramm zeigt, wie viele Jungen in der Klasse 5a sind. Zeichne auch einen Streifen für die Anzahl der Mädchen ein.

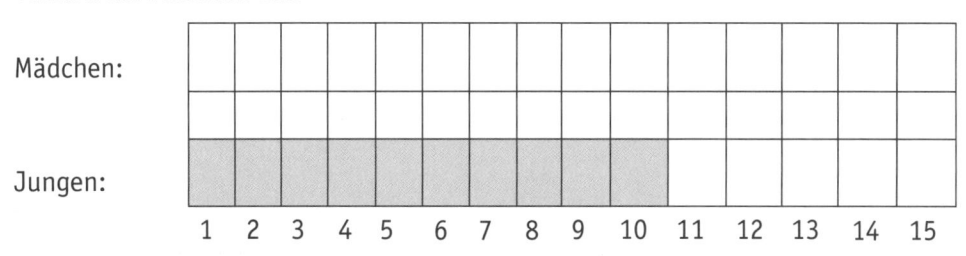

Mädchen:

Jungen:

1 2 3 4 5 6 7 8 9 10 11 12 13 14 15

TIPP
< kleiner
> größer

4. Setze ein: $<$, $>$, $=$.

81 750 ☐ 81 570   617 348 ☐ 671 349   847 391 ☐ 847 299   1 046 203 ☐ 1 046 205

5. Welche Zahlen kannst du einsetzen? Schreibe die Lösungen auf.

21 264   9 378   297 094
16 306   94 666   17 377
10 700   24 078   80 522   70 815

17 376 > _____

80 621 < _____

6. Der Vorgänger der Zahl 710 ist 709, der Nachfolger von 710 ist 711. Ergänze die Tabelle.

Vorgänger		17 701			0
Zahl	4 712			1 999	
Nachfolger			990		10 000

7. Bestimme die benachbarten Zehnerzahlen. Beispiel: 50 < 54 < 60

____ < 65 < ____   ____ < 19 < ____   ____ < 125 < ____   ____ < 101 < ____

____ < 299 < ____   ____ < 555 < ____   ____ < 451 < ____   ____ < 999 < ____

____ < 1 099 < ____   ____ < 2 301 < ____   ____ < 9 009 < ____   ____ < 7 995 < ____

8. Ordne die Seitenzahlen der Bücher. Beginne mit der kleinsten. Du erhältst ein Lösungswort.

a) 356 S   536 E   653 N   365 T   635 R ; _____

b) 1024 E   998 A   1042 E   1240 E   899 M ; _____

Zehnersystem, Runden und Zahlenstrahl

1. Trage die Zahlen in die Stellentafel ein.
   a) 432 640 847   8 537 648 907   63 745 810   **b)** 1 456 680 764   3 030 176   zwölf Milliarden eintausend

Milliarden	Millionen	Tausender	Einer

Milliarden	Millionen	Tausender	Einer

2. Schreibe in Dreiergruppen und zerlege in Milliarden (Mrd.), Millionen (Mio.), Tausender (Tsd.), Einer (E).

   71643500 = 71 643 500 = 71 Mio. + 643 Tsd. + 500 E

   634507924 = _____

   1207112340 = _____

   12643144017 = _____

   107678412333 = _____

3. Welche Zahlen sind es?

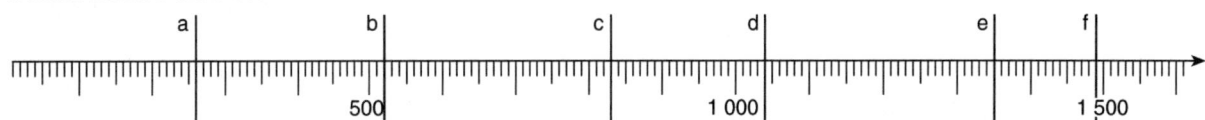

   (Zahlenstrahl mit Markierungen a, b, c, d, e, f; 500, 1 000, 1 500)

   a = _____   b = _____   c = _____

   d = _____   e = _____   f = _____

4. Trage die Zahlen ein.
   a = 170 000   b = 1 460 000   c = 730 000   d = 450 000   e = 1 060 000

   (Zahlenstrahl von 0 bis 1 Mio)

> Man rundet ab, wenn die nächste Ziffer 0, 1, 2, 3 oder 4 ist.
> Wenn die Ziffer größer als 4 ist, rundet man auf.

5. Runde die Zahlen auf Hunderter, Tausender, Zehntausender und Hunderttausender.

	27 019	475 312	890 999	1 245 691	12 973 400
Hunderttausender					
Zehntausender					
Tausender					
Hunderter					

6. Die Zahlen von 62 500 bis 63 499 ergeben beim Runden auf Tausender die Zahl 63 000.
   Welche Zahlen ergeben auf volle Tausender gerundet:
   a) 84 000   **b)** 79 000   **c)** 18 000   **d)** 31 000

   a) 83 500 bis _____   **c)** _____

   b) _____   **d)** _____

Diagramme lesen und zeichnen

1. Lies aus dem Streifenbild die Einwohnerzahl ab. 1 cm entspricht 100 000 Einwohnern.

   [Streifenbild: Köln, Frankfurt, München, Leipzig]

   a) Köln: _____   b) Frankfurt/M.: _____

   c) München: _____   d) Leipzig: _____

2. Ordne nach der Höhe, dann zeichne ein Streifenbild. Für 10 m zeichne 1 mm.

   Cheopspyramide 138 m   Fernsehturm Moskau 433 m   Freiheitsstatue New York 93 m
   Kölner Dom 157 m   Fernsehturm Berlin 362 m

3. Runde die Längen auf volle 10 Kilometer, dann zeichne das Streckenbild. Für 10 km zeichne 2 mm.

   Ruhr 235 km   Mosel 545 km   Spree 382 km

   gerundet: _____ km   gerundet: _____ km   gerundet: _____ km

   Ruhr

   Mosel

   Spree

4. Runde die Längen europäischer Tunnel auf volle 1 000 m. Dann zeichne Streifenbilder:
   a) Gotthard: 16 300 m   b) Felbertauern: 5 200 m   c) Lötschberg: 14 600 m
   d) Arlberg: 10 200 m   e) Cochem-Eller-Tunnel: 4 200 m.   Für 1 km zeichne 1 cm.

   a)
   b)
   c)
   d)
   e)

Zu Seite 16

Kopfrechnen, Operatoren und Umkehroperatoren

Zu Seite 26, 27 und 30, 31

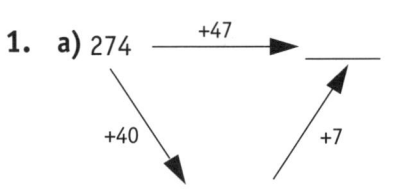

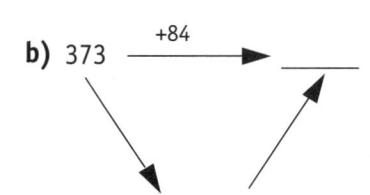

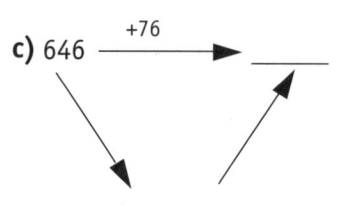

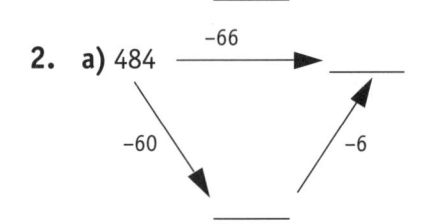

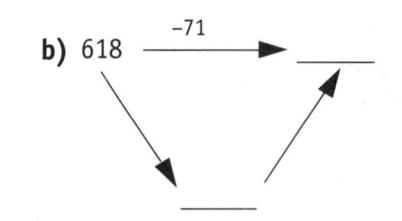

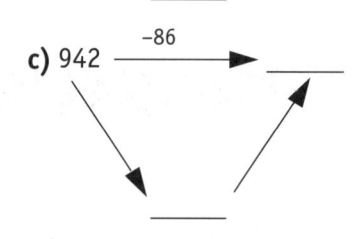

1. a) 274 —+47→ ___   +40↓ +7↗   ___
   b) 373 —+84→ ___
   c) 646 —+76→ ___

2. a) 484 —−66→ ___   −60↓ −6↗   ___
   b) 618 —−71→ ___
   c) 942 —−86→ ___

3. a) ___ ⇄ (−16/+) 96
   b) ___ ⇄ (−44/+) 183
   c) ___ ⇄ (−83/+) 414
   d) ___ ⇄ (−43/+) 612

4. a) ___ ⇄ (+39/−) 183
   b) ___ ⇄ +94 294
   c) ___ ⇄ +64 314
   d) ___ ⇄ +56 544
   e) ___ ⇄ +74 216
   f) ___ ⇄ +91 482
   g) ___ ⇄ +86 374
   h) ___ ⇄ +95 281

5. Mirko denkt sich eine Zahl. Er subtrahiert 86 und erhält 113.
   Die gesuchte Zahl ist ___ . [19]

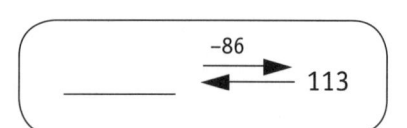

   ___ ⇄ −86 113

6. Petra addiert zu ihrer Zahl 97 und erhält 196.
   Petras Zahl heißt ___ . [18]

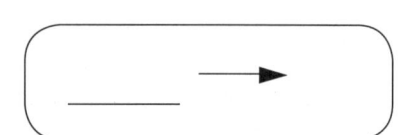

   ___ →

7. Gib den Operator an und rechne aus.
   a) 484 —+→ ___   +18↓ +24↗   ___
   b) 743 —+→ ___   +37↓ +48↗   ___
   c) 483 —+→ ___   +28↓ +34↗   ___

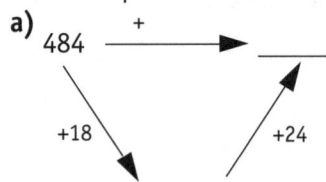

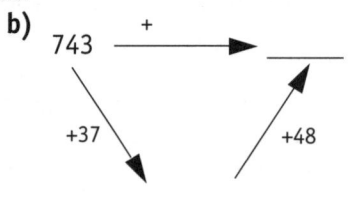

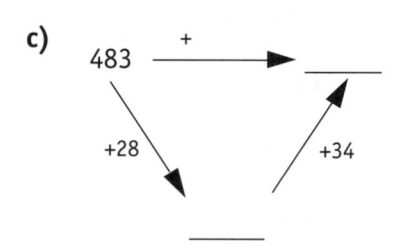

8. Gib den Operator an und rechne aus.
   a) 473 —−→ ___   −23↓ −20↗   ___
   b) 696 —−→ ___   −31↓ −42↗   ___
   c) 912 —−→ ___   −14↓ −27↗   ___

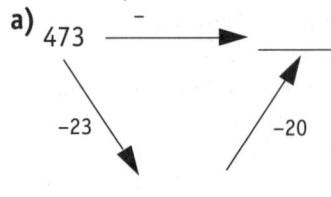

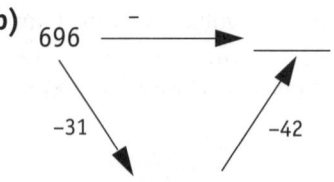

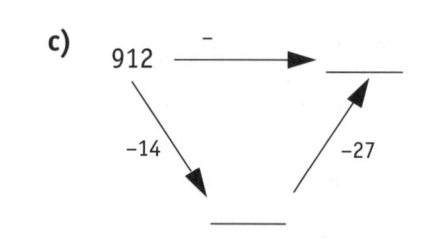

9. Wie rechnest du?
   a) 443 —+98→ ___
   b) 874 —+86→ ___
   c) 943 —−93→ ___

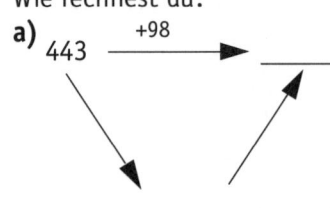

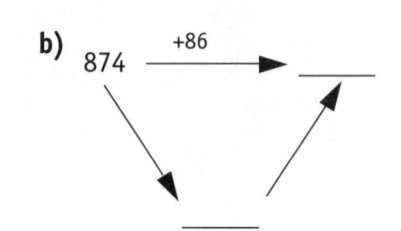

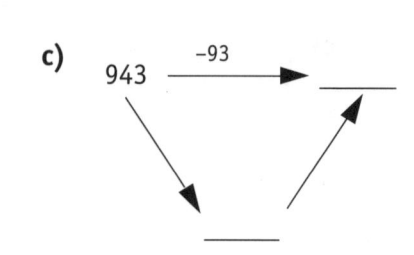

4

Rechenregeln, Rechenvorteile

1.

a	b	c	b + c	a − (b + c)	a − b	a − b − c
125	75	25				
463	113	122				
864	254	106				
963	260	203				
874	374		474			
703		117			450	

Zu Seite 32 und 33

2. Bestimme das Ergebnis. Kreuze an, wo du die Klammer weglassen kannst.

   (83 − 13) + 34 = _____ ☐ 5   343 + (47 + 40) = _____ ☐ 7   186 − (56 − 42) = _____ ☐ 10

   83 − (13 + 34) = _____ ☐ 5   (343 + 47) + 40 = _____ ☐ 7   (186 − 56) − 42 = _____ ☐ 16

3. (147 − 30) + (249 + 11) = _____ = _____ 17

   (283 + 17) + (144 − 16) = _____ = _____ 14

   (386 + 34) − (212 + 48) = _____ = _____ 7

   (242 − 52) − (176 − 24) = _____ = _____ 11

4. Rechne auf zwei Wegen. Findest du noch mehr Rechenwege?

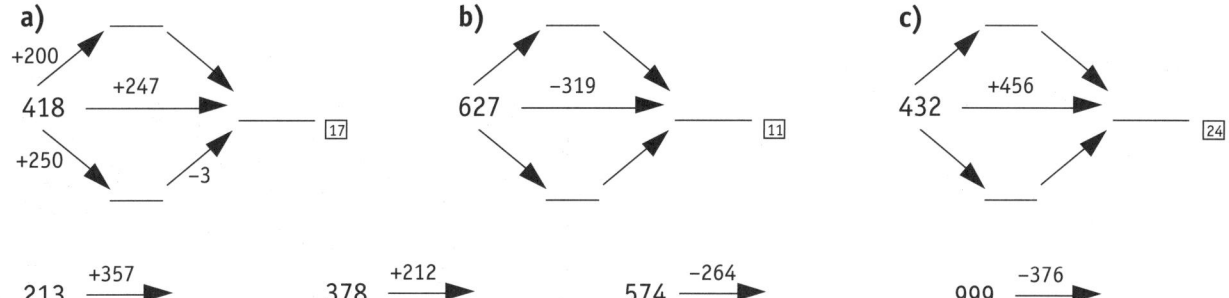

   a) 418 +200 / +247 / +250, −3 → _____ 17

   b) 627 −319 → _____ 11

   c) 432 +456 → _____ 24

5. 213 →+357 _____ 12   378 →+212 _____ 14   574 →−264 _____ 4   999 →−376 _____ 11

6. Fülle die Tabelle aus.

+	299	300	301	302	303	304
302						
303						
304						
305						
306						

−	889	890	891	892	893	894
892					▓	▓
893						▓
894						
895						
896						

7. Fasse jeweils zwei Zahlen geschickt zusammen. Notiere nur die Zwischenergebnisse.

   315 − 76 + 35 − 24 + 122 + 278 = _____ = _____ 11

   846 + 73 + 87 − 96 − 283 − 317 = _____ = _____ 4

8. Rechne geschickt.

   274 + 87 + 26 = _____ 18   4 211 + 219 + 470 = _____ 13   5 742 − 240 − 342 = _____ 12

   536 + 73 + 64 = _____ 16   3 725 + 475 + 380 = _____ 17   4 657 − 657 − 370 = _____ 12

Runden und Überschlag

Zu Seite 34 und 35

1.

Runde auf ...	3 458	1 335	8 014	9 871	5 009
Tausender					
Hunderter					
Zehner					

2. Auf dem Millimeterpapier sind Zentimeterquadrate markiert, die jeweils 100 kleine Millimeterquadrate enthalten.

   a) Wie viele ganze Zentimeterquadrate siehst du? Wie viele kleine Millimeterquadrate sind darin?

   _____

   b) Zähle die kleinen Millimeterquadrate der Rechtecke A, B und C.

   A _____ B _____ C _____

   c) Wie viele ganze Zentimeterquadrate enthalten die Rechtecke A, B und C?

   A _____ B _____ C _____

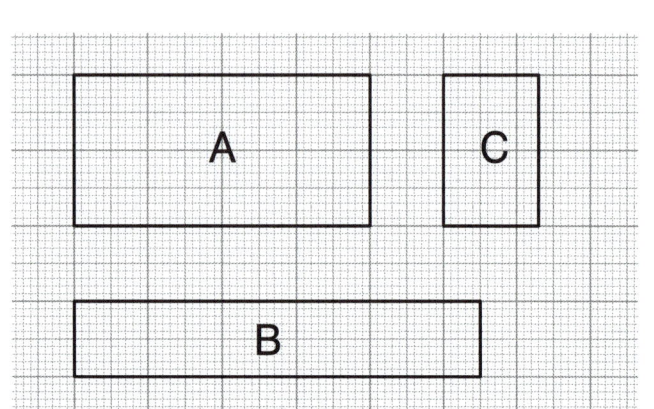

3. a) Schreibe die Preise auf Zehner gerundet und addiere im Kopf.

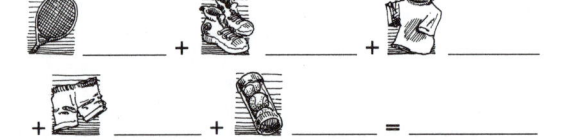

   _____ + _____ + _____
   + _____ + _____ = _____

   b) Welche ungefähren Kosten erhältst du, wenn du auf Hunderter rundest?

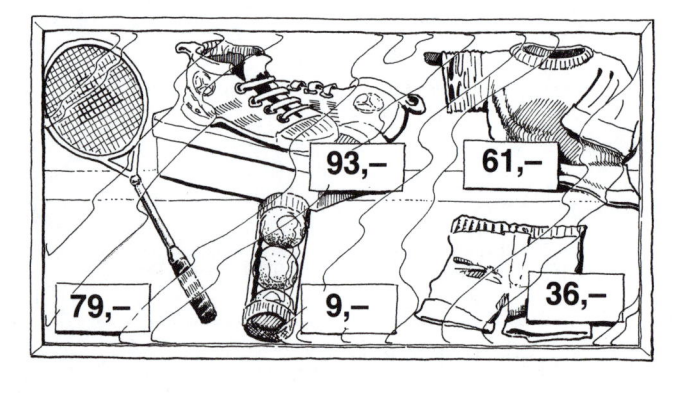

   _____ + _____ + _____ + _____ + _____ = _____

   c) Christian hat 480 € gespart. Reicht das Geld? _____

   (Preise: 93,– 61,– 79,– 9,– 36,–)

4. Wie viele Zuschauer hatte der FC Manching bei neun Spielen ungefähr? Runde auf Tausender und addiere im Kopf.

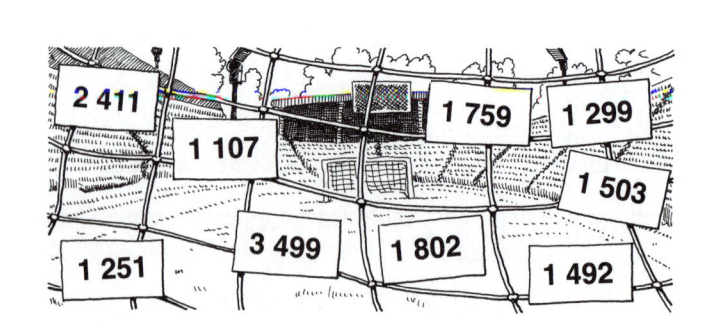

   _____ + _____ + _____ +
   _____ + _____ + _____ +
   _____ + _____ + _____ = _____

   (Zahlen: 2 411 1 759 1 299 1 107 1 503 1 251 3 499 1 802 1 492)

   Antwort: _____

Schriftliches Addieren und Überschlag

1. Addiere schriftlich. Addiere zur Probe in umgekehrter Reihenfolge.

a) 54 385
  + 4 1414

b) 83 215
  + 12 674

c) 167 133
  + 35 3465

d) 1 208 687
  +   854 312

Zu Seite 34 und 35

2. Addiere immer zwei Zahlen in nebeneinander liegenden Feldern, dann schreibe das Ergebnis in das freie Feld darunter.

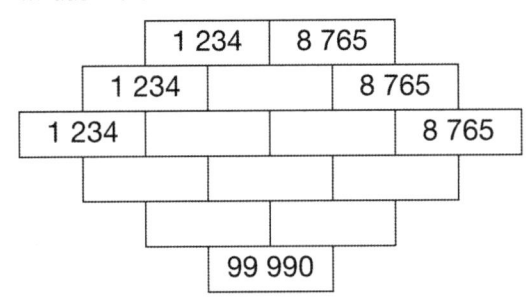

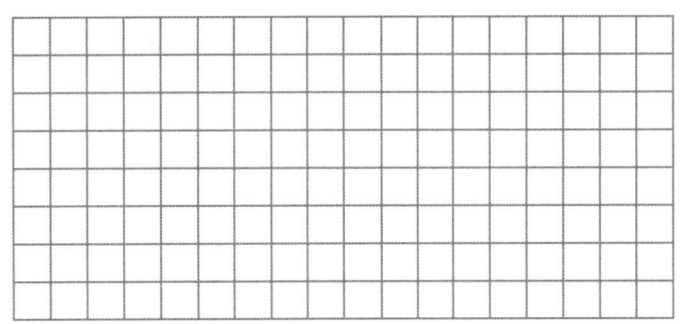

	1 234	8 765	
	1 234		8 765
1 234			8 765
	99 990	

3. Frau Reiß fährt mit ihrem Auto im ersten Jahr 25 673 km und im zweiten Jahr 24 340 km. Hat sie schon 50 000 km zurückgelegt?

Antwort: _____

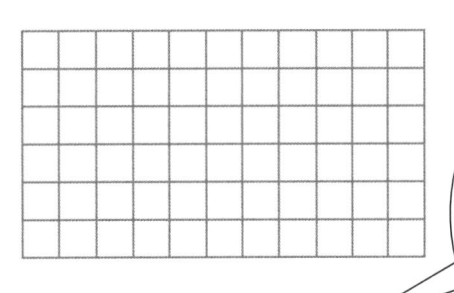

Ü zu a)
40 000
+ 60 000
+ 10 000
+ 20 000

4. Rechne aus. Mache zuerst einen Überschlag. Runde dabei so, dass du im Kopf rechnen kannst.

Ü:

a) 44 714
  + 63 600
  + 8 472
  + 18 937

b) 82 953
  + 60 437
  + 52 019
  + 9 576

c) 31 524
  + 25 605
  + 19 4512
  + 20 379

d) 7 520 343
  +   100 437
  + 1 245 189
  + 2 365 456

5. Ein Fußballverein hat 2 Mannschaften. Die Tabelle zeigt die Zuschauerzahlen an 3 Spieltagen.

	1. Tag	2. Tag	3. Tag
1. Mannschaft	6 287	5 678	6 473
2. Mannschaft	1 072	887	843

a) Wie viele Zuschauer waren es insgesamt? Rechne auf zwei verschiedenen Wegen.

Antwort: _____

b) Wie viele Zuschauer hatte die 1. Mannschaft mehr als die 2. Mannschaft?

Antwort: _____

Schriftliches Subtrahieren und Überschlag

1. Subtrahiere schriftlich. Rechne zur Probe die Additionsaufgabe.

a) 56 356 − 21 245

b) 64 767 − 51 643

c) 392 659 − 81 568

d) 6 573 542 − 4 342 651

2. Überschlage das Ergebnis, dann rechne genau.

a) 52 500 − 41 616 − 4 372

b) 77 063 − 4 316 − 12 183

Ü: _____

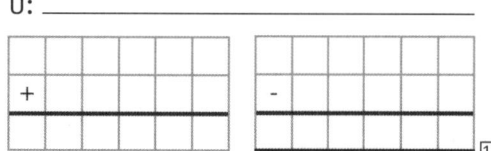

Ü: _____

3. In diesen Aufgaben sind Fehler gemacht worden. Rechne nach und berichtige die Ergebnisse.

a) 4 605 − 1 034 = 5 639

b) 9 120 − 3 217 = 6 917

c) 12 344 − 3 683 = 18 661

d) 34 107 − 13 192 = 10 915

e) 46 378 − 23 199 = 23 189

4. Frau Huber will ein neues Auto für 9 826 € kaufen. Sie hat schon 7 431 € gespart. Wie viel € fehlen noch?

Antwort: _____

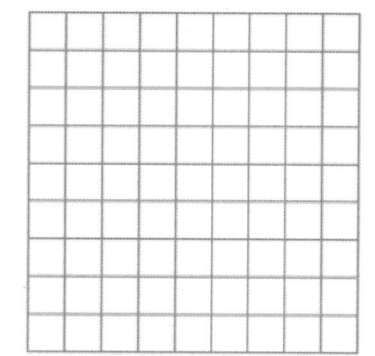

5. Der Bau einer Gartenlaube ist für 14 100 € veranschlagt. Durch den Wasseranschluss erhöhen sich die Kosten auf 14 936 €. Wie viel Euro muss man dazuzahlen?

Antwort: _____

6. Ein Europakahn hat eine Ladefähigkeit von 1 350 t. Es werden 275 t Kohle in die erste Luke, 344 t in die zweite und 307 t in die dritte Luke geladen. Wie viel Tonnen passen noch in die vierte Luke?

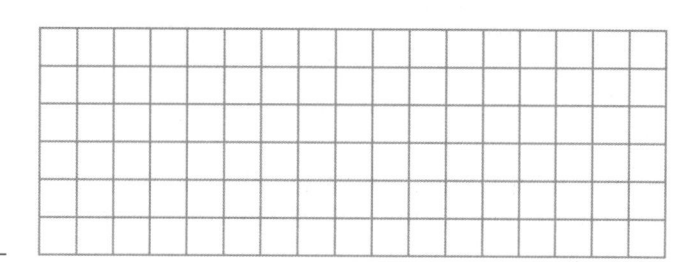

Antwort: _____

7. Der Geschäftsführer eines Supermarktes hat von Donnerstag bis Samstag die Einnahmen notiert. Am Donnerstag wurden 95 317 € eingenommen, am Freitag waren es 9 280 € mehr als am Donnerstag. Die Gesamteinnahme an den drei Tagen betrug 296 417 €. Wie hoch war die Einnahme am Samstag?

Antwort: _____

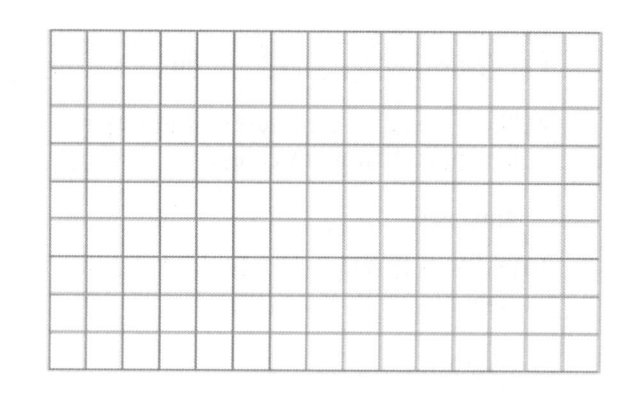

Quader und Quadernetze

1. Zeichne das Netz des abgebildeten Quaders. Verwende die angegebenen Maße.

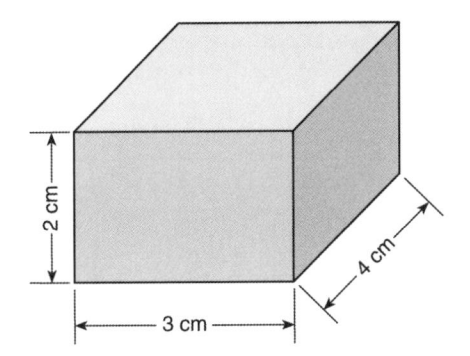

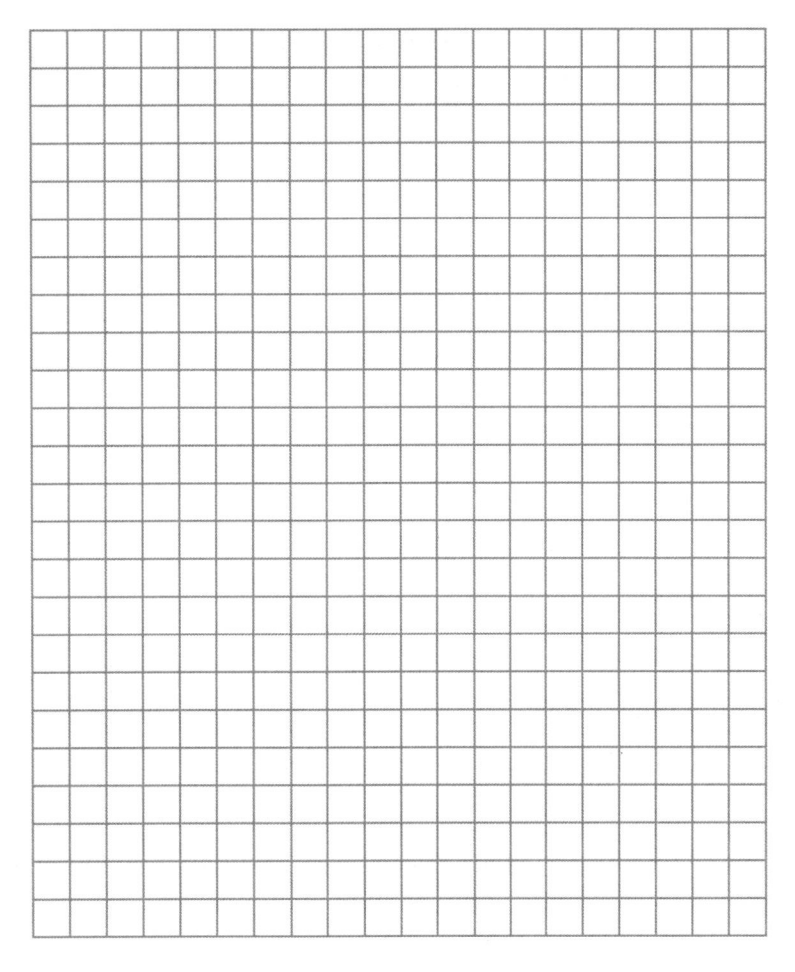

Zu Seite **44** bis **46**

2. a) Welche Netze ergeben einen Quader, welche der Quader sind Würfel?

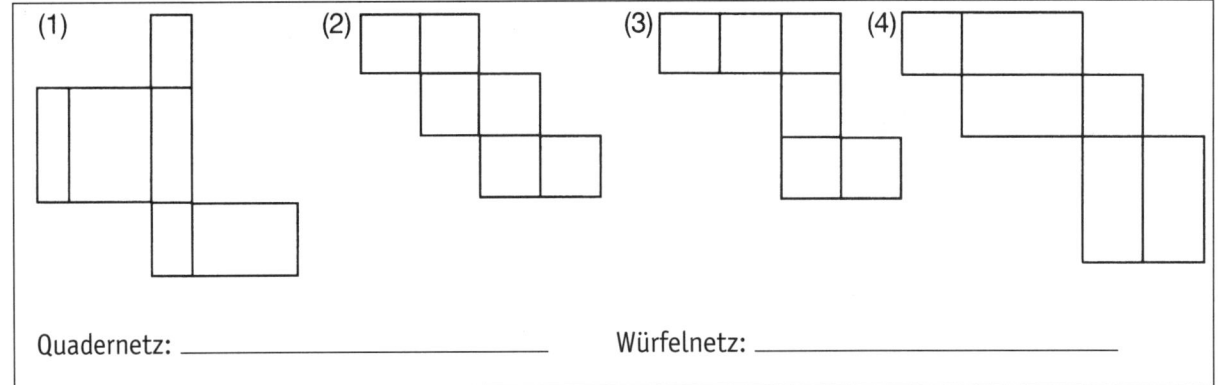

(1) (2) (3) (4)

Quadernetz: _____ Würfelnetz: _____

b) Male in den Quadernetzen gegenüberliegende Seiten mit der gleichen Farbe aus.

3. Färbe die gestrichelte Fläche, die noch zum Würfelnetz gehört.

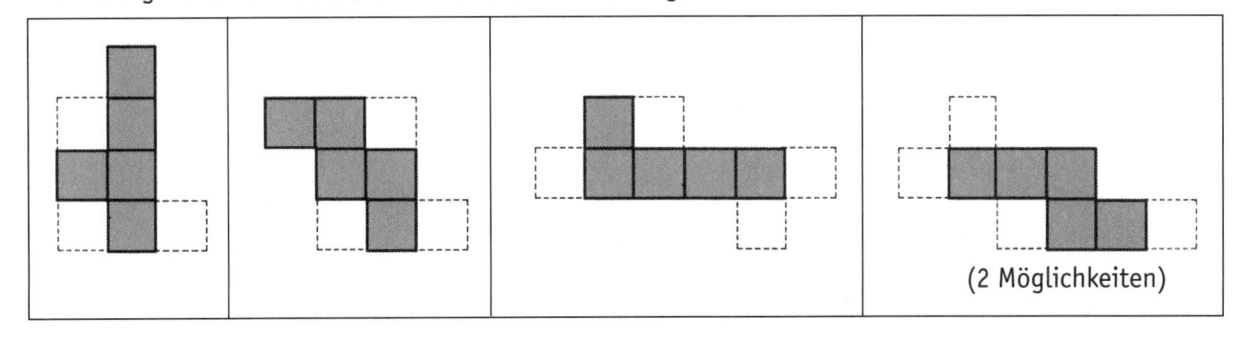

(2 Möglichkeiten)

Flächen und Kanten von Körpern

1. Hier siehst du 7 verschiedene Körper. Wie heißen sie? Schreibe ihre Namen auf.

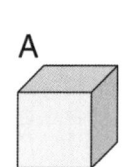

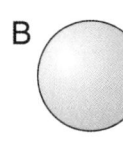

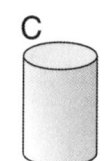

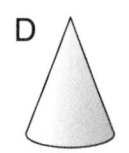

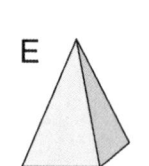

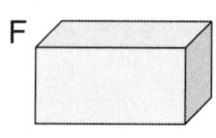

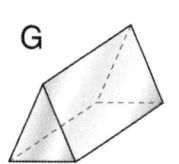

A = _____   B = _____   C = _____   D = _____

E = _____   F = _____   G = _____

2. Fülle die Tabelle aus. Trage die Anzahl der Ecken, Flächen und Kanten ein.

	Würfel	Quader	Kegel	Kugel	Pyramide	Zylinder	Prisma
Ecken							
Gerade Kanten							
Gebogene Kanten							
Ebene Flächen							
Gewölbte Flächen							

3. Schreibe dazu, ob die Kanten beim (Dreiecks-)Prisma parallel (∥) oder senkrecht (⊥) zueinander sind.

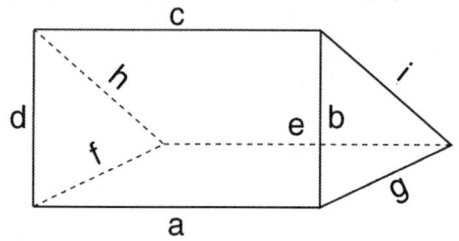

a) a ☐ b   b) a ☐ c

c) a ☐ d   d) a ☐ e

e) g ☐ f   f) b ☐ i

4. Die Körper in der Tabelle haben mehrere verschiedene Flächen. Ergänze die richtige Anzahl der Flächen. Skizziere die Körper.

	Würfel	Quader	Pyramide	(Dreiecks-)Prisma	Zylinder
Quadrate					
Rechtecke					1
Dreiecke					
Kreise					

5. Aus einem Stück Draht sollen die Kanten für das Modell eines Körpers geschnitten werden. Wie lang muss das ganze Drahtstück wenigstens sein?

a) Für einen Würfel mit 4 cm Kantenlänge: _____

b) Für einen Würfel mit 8 cm Kantenlänge: _____

c) Für einen Quader mit den Kantenlängen 3 cm, 5 cm und 8 cm: _____

d) Für einen Quader mit den Kantenlängen 5 cm, 5 cm und 10 cm: _____

Zu Seite 48 bis 55

Kopfrechnen und Operatoren zur Multiplikation und Division

1. Wenn du die 1. Zahl durch die 2. Zahl teilst, erhältst du den Quotienten.

1. Zahl	35	64	42	39	48	24				32	90	64	100
2. Zahl	7	8	7				9	3	11	4	15		
Quotient	5			3	8	3	9	7	8			4	5

TIPP Quotient 35 : 7 = 5 (Zu Seite 62)

2. Nach dem Schulfest sind mehrere Kisten mit Pfandflaschen übrig geblieben: 24 Flaschen Cola, 24 Flaschen Mineralwasser, 24 Flaschen Orangensaft, 24 Flaschen Apfelsaft und 24 Flaschen Zitronensprudel. Wie viele Flaschen sind es insgesamt? Schreibe als Multiplikationsaufgabe.

Rechnung: _____

Antwort: _____

3. In der Klasse 5b sind 13 Mädchen. Das ist die Hälfte aller Schülerinnen und Schüler. Wie viele Kinder hat die Klasse insgesamt?

Rechnung: _____

Antwort: _____

4. Berechne immer das Doppelte. Fülle die Tabelle aus.

31	55	110	39	1 200	350	4 100	560	2 500	81 000	195	485

5. Berechne immer die Hälfte.

70	110	92	56	9 000	132	422	544	65 000	7 200	682	984

6. Rechne aus.

a) 7 —·8→ ____   9 —·12→ ____   16 —·4→ ____   34 —·6→ ____

b) 9 —·→ 72   8 —·→ 104   22 —·→ 88   13 —·→ 143

Wie lautet der Operator? (Zu Seite 64)

7. Bestimme den Umkehroperator, dann gib die Lösung an.

a) ____ ⇄ 42 (·6 / :)

b) ____ ⇄ 140 (·14 / :)

c) ____ ⇄ 300 (·15 / :)

d) ____ ⇄ 340 (·17 / :)

8. Dividiere schrittweise.

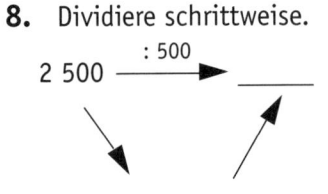

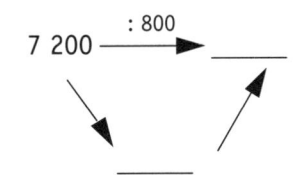

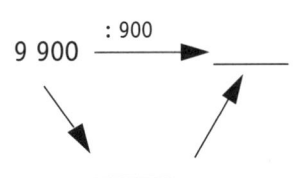

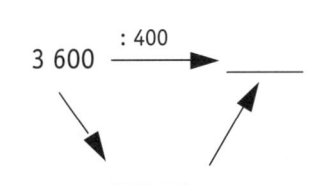

2 500 —:500→ ____

7 200 —:800→ ____

9 900 —:900→ ____

3 600 —:400→ ____

9. Multipliziere schrittweise.

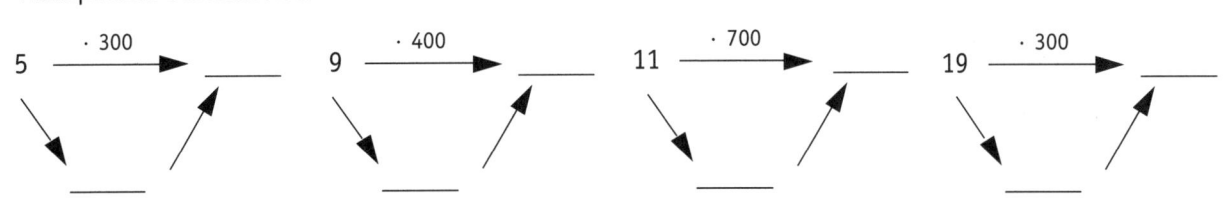

5 —·300→ ____

9 —·400→ ____

11 —·700→ ____

19 —·300→ ____

Kopfrechnen und Rechenregeln zur Multiplikation und Division

Zu Seite 67

1. a) Multipliziere mit 10, 100, 1 000.

·	· 10	· 100	· 1 000
12			
76			
325			
500			
789			

b) Dividiere durch 10, 100, 1 000.

:	: 10	: 100	: 1 000
2 000			
32 000			
60 000			
46 000			
345 000			

2. Rechne aus. Beachte „Punkt- vor Strichrechnung".

a) 67 − 48 : 4 = _____
b) 3 · 17 + 9 = _____
c) 5 · 4 − 2 · 6 = _____
d) 81 + 64 : 8 = _____
e) 100 − 18 · 5 = _____
f) 144 : 6 − 72 : 6 = _____

3. a)

| 4 · 15 − 9 | T | | 6 · (4 + 8) | E | | 5 · (26 − 23) | S |

| 24 : (34 − 26) | K | | 56 : (30 − 23) | I |

Der Größe nach ein Behälter

b)

| 9 · 6 + 3 · 4 | R | | (2 + 5) · (18 − 12) | M | | 48 : 3 − 14 | E |

| (19 + 11) : (41 − 36) | I | | 3 · (53 − 49) · 4 | E |

TIPP
2 · 5 = 10
4 · 25 = 100
8 · 125 = 1 000

Zu Seite 68 und 69

4. Fasse im Kopf geschickt zusammen, dann rechne aus.

a) 25 · 7 · 4 = 100 · _____ = _____ [7]
b) 4 · 37 · 25 = _____ = _____ [10]
c) 2 · 96 · 5 = _____ = _____ [14]
d) 125 · 13 · 8 = _____ = _____ [4]
e) 49 · 125 · 8 = _____ = _____ [13]
f) 317 · 4 · 25 = _____ = _____ [11]

5. Zerlege geschickt, dann rechne aus.

a) 49 · 9 = (50−1) · 9 = 450 − _____ = _____
b) 756 : 7 = _____ = _____ = _____
c) 68 · 3 = _____ = _____ = _____
d) 981 : 3 = _____ = _____ = _____
e) 99 · 5 = _____ = _____ = _____
f) 480 : 5 = _____ = _____ = _____

6. a) 5 · 7 + 9 · 4 = _____
b) 13 · 8 − 6 · 11 = _____
c) 12 · (5 + 10) · 10 = _____
d) (26 − 4) : (39 − 38) = _____
e) 125 · (8 + 2) + 25 = _____
f) 48 : 8 + 194 = _____

| Lösungen: | 1 800 | 200 | 22 | 38 | 1 275 | 71 |

7. Zerlege geschickt, dann löse im Kopf.

a) 25 · 24 = 25 · 4 · 6 = _____ = _____ [6]
b) 50 · 88 = _____ = _____ = _____ [8]
c) 125 · 72 = _____ = _____ = _____ [9]

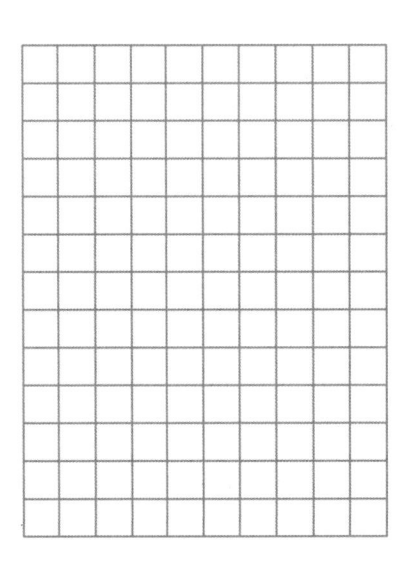

Schriftliches Multiplizieren und Überschlag (1)

1. a) 3578 · 4   b) 6928 · 9   c) 11078 · 6   d) 24308 · 9

   Zu Seite 72 und 73

2. Mache zuerst einen Überschlag, dann berechne auch die Lösungen.

   Ü: _____ Ü: _____ Ü: _____ Ü: _____

   a) 6217 · 12   b) 4320 · 27   c) 8025 · 31   d) 741 · 52

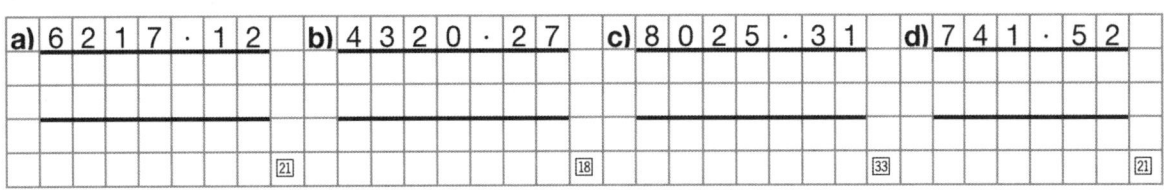

3. Eine Baufirma hebt für ein Erdkabel einen Graben aus. Die Bagger schaffen täglich 195 m. Nach 46 Tagen ist der Graben fertig. Wie lang ist der Graben? Überschlage, dann rechne genau.

   Überschlag: _____

   Antwort: _____

4. Bei einem Radrennen werden 12 Runden gefahren. Eine Runde ist 6 325 m lang. Gib die Länge des Rennens in Kilometern an. Überschlage, dann rechne genau.

   Überschlag: _____

   Antwort: _____

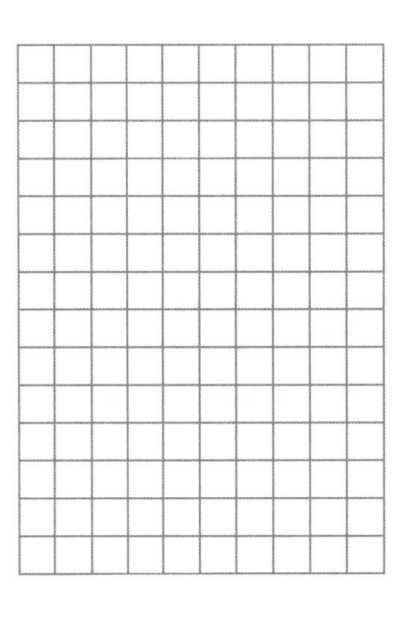

5. Nur zwei Aufgaben sind richtig angefangen. Berichtige die Fehler und rechne richtig zu Ende.

605 · 48	826 · 58	764 · 35	534 · 37	908 · 46
24200	4130	2282	1502	3632

6. Multipliziere die größte und die kleinste dreistellige Zahl miteinander. Um wie viel ist das Ergebnis kleiner oder größer als 100 000?

   Rechnung: _____

   Antwort: _____

7. Jubel im Kollegium der Fritz-Erler-Hauptschule. Die 43 Lehrerinnen und Lehrer haben zusammen im Lotto gewonnen. Auf jeden entfallen 3 528 €. Wie hoch ist der Lottogewinn? Überschlage erst, dann rechne genau.

   Überschlag: _____

   Antwort: _____

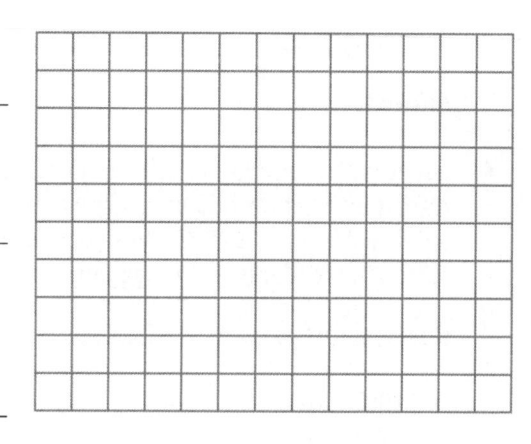

Schriftliches Multiplizieren und Überschlag (2)

Zu Seite 74 und 75

1. In jeder Tabelle sind 3 Ergebnisse falsch. Finde sie heraus. Mache dazu Überschlagsrechnungen oder überprüfe die Endziffern der Ergebnisse. Streiche die falschen Ergebnisse durch, dann gib die richtigen Lösungen an.

a)
·	16	29	83
43	681	1 247	5 639
684	10 944	19 836	56 772
963	15 408	72 927	79 929

b)
·	31	57	104
46	1 426	4 622	4 784
108	3 348	5 156	11 232
507	15 771	28 899	52 728

richtig: _____, _____, _____

richtig: _____, _____, _____

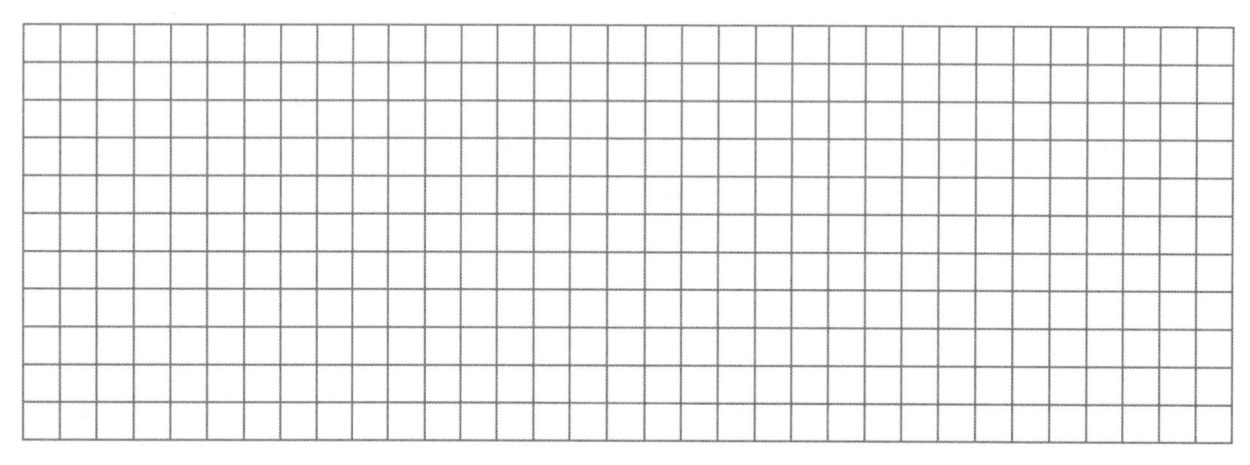

2. In einer Klassenarbeit werden folgende Aufgaben gestellt:
   a) 257 · 23   b) 114 · 46   c) 343 · 57   d) 74 · 196

   Stefan hat als Ergebnisse notiert: 19 551, 14 504, 5 911 und 5 244. Alle sind richtig. Ordne die Ergebnisse, ohne zu rechnen, den Aufgaben zu.

3. a) Mache einen „besseren" Überschlag, dann rechne genau.

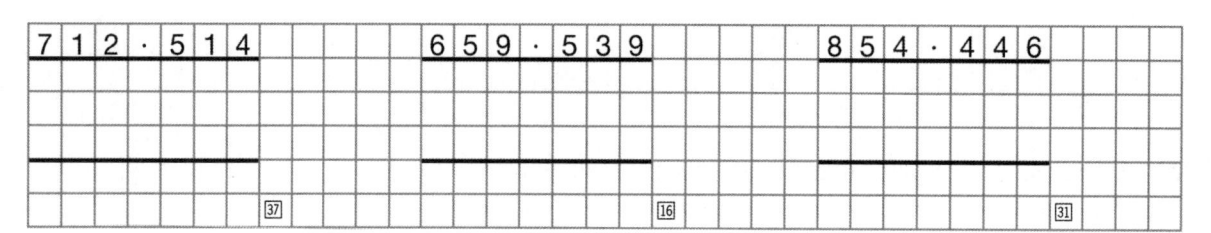

   Ü: 800 · 600 = 480 000   Ü: 600 · 500 = 300 000   Ü: 800 · 400 = 320 000

   Ü: _____   Ü: _____   Ü: _____

   712 · 514   659 · 539   854 · 446

   b) Welches Ergebnis liegt 300 000 am nächsten?

   Antwort: _____

   c) Um wie viel ist dieses Ergebnis kleiner als 400 000?

   Antwort: _____

   d) Wie groß ist der Unterschied zwischen dem kleinsten und dem größten Ergebnis?

   Antwort: _____

Schriftliches Dividieren und Überschlag

1. Ergänze die Rechnungen.

a) 5142 : 6 = 8 [20]

b) 8701 : 7 = 1 [10]

c) 5040 : 9 = 0 [11]

2. Mache zuerst einen Überschlag, dann rechne genau. Runde für den Überschlag, sodass du mit dem kleinen Einmaleins rechnen kannst.

a) Ü: 1 400 : 7 = _____ b) Ü: _____ c) Ü: _____

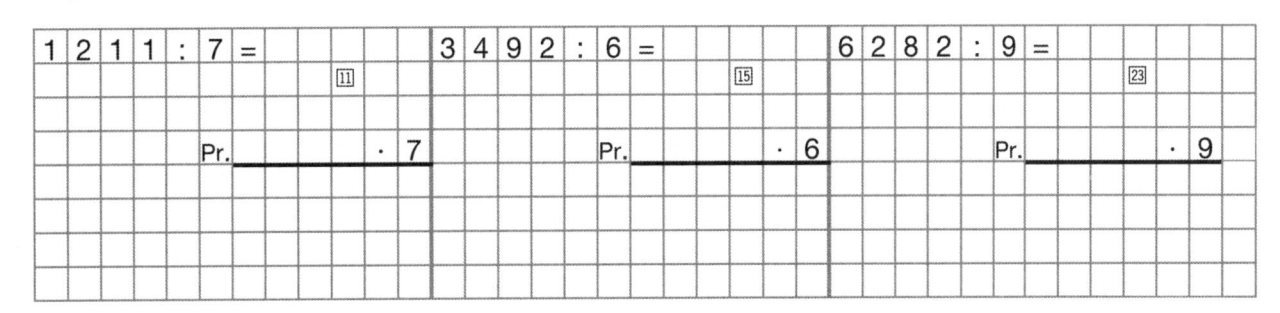

1211 : 7 = [11]   Pr. _____ · 7

3492 : 6 = [15]   Pr. _____ · 6

6282 : 9 = [23]   Pr. _____ · 9

3. Dividiere schriftlich. Mache Überschlag und Probe.

a) Ü: _____ b) Ü: _____ c) Ü: _____

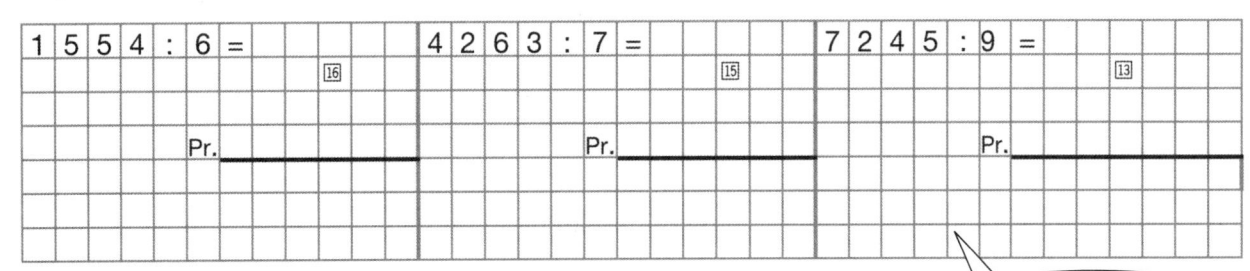

1554 : 6 = [16]   Pr.

4263 : 7 = [15]   Pr.

7245 : 9 = [13]   Pr.

Achte auf die Nullen!

4. a)

:	2	4	6	8
144				
240				
528				
264				

b)

:	6	8	9	12
72				
216				
576				
144				

5. Löse a) wie im Beispiel, b) und c) im Kopf.

a) 5 840 : 80 = 584 : 8 = _____   b) 1 120 : 20 = _____ = _____   c) 3 720 : 60 = _____ = _____

1 350 : 50 = _____ = _____   2 450 : 50 = _____ = _____   6 320 : 40 = _____ = _____

2 240 : 70 = _____ = _____   5 700 : 30 = _____ = _____   3 780 : 90 = _____ = _____

Zu Seite 76

Runden und Dividieren mit Rest

1. Schreibe jeweils den 1. Rechenschritt auf.

Aufgabe	1. Rechenschritt	Aufgabe	1. Rechenschritt	Aufgabe	1. Rechenschritt
3 456 : 50	345 : 50 > 6	7 599 : 51	>	42 167 : 19	421 : 19 >
5 178 : 20	51 : 20 >	4 557 : 60	>	61 358 : 22	>
66 430 : 70	664 : 70 >	30 246 : 49	>	37 648 : 49	>
5 587 : 30	55 : 30 >	8 519 : 28	>	52 618 : 70	>

2. Wie oft ist die zweite Zahl in der ersten enthalten? Mache eine Überschlagsrechnung wie im Beispiel.

a) 2507 : 58
 ≈ 2507 : 60
 ≈ 2400 : 60
 = 40

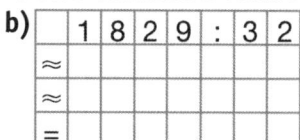

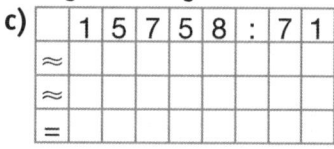

b) 1829 : 32

c) 15758 : 71

d) 23745 : 79

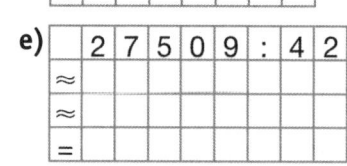

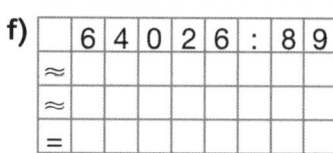

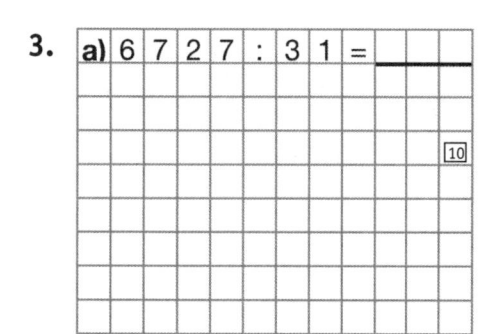

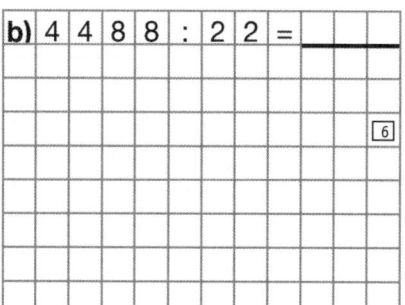

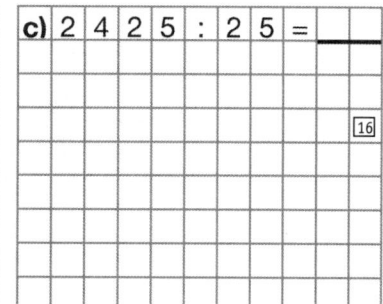

e) 27509 : 42

f) 64026 : 89

3. a) 6727 : 31 = ____   b) 4488 : 22 = ____   c) 2425 : 25 = ____

4. Diese Divisionsaufgaben haben einen Rest. Rechne aus und mache die Probe.

a) 3 877 : 6 = _____ + _____ : ___6___   b) 12 683 : 9 = _____ + _____ : _____

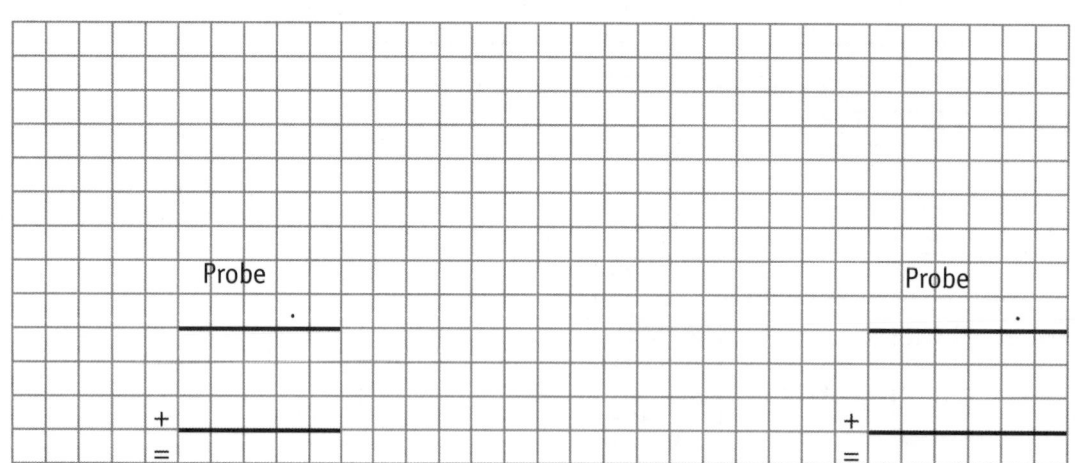

5. 455 Weinflaschen werden in 6er-Kartons verpackt. Wie viele Kartons sind es? Wie viele Flaschen bleiben übrig?

Rechnung: _____

Antwort: _____

Senkrecht, parallel, Abstand

1. a) Zeichne die Gerade AC in Rot ein.
   b) Zeichne die Gerade BD in Rot ein.
   c) Zeichne die Strecke $\overline{AB}$ in Blau.
   d) Zeichne die Strecke $\overline{CD}$ in Blau.
   e) Zeichne den Strahl von B aus durch C in Grün.
   f) Zeichne den Strahl von A aus durch D in Grün.

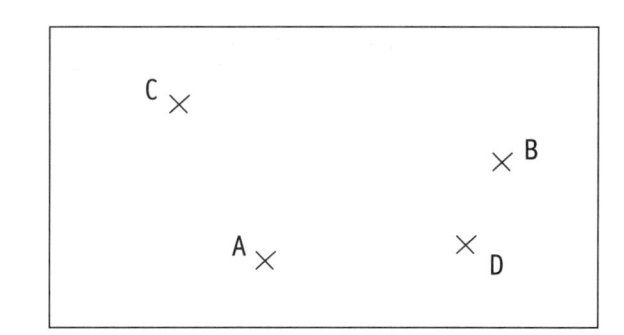

   Zu Seite 88 bis 90

2. a) Welche Geraden stehen senkrecht aufeinander? Schreibe wie im Beispiel.

   c ⊥ d _____ _____ _____

   _____ _____ _____

   b) Welche Geraden sind parallel?

   b ∥ _____ _____ _____

   _____ _____ _____

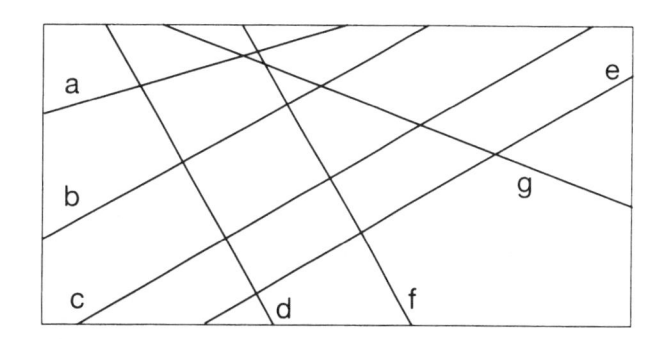

   Zu Seite 91 und 92

3. Zeichne die Senkrechte zu g durch A und B, zu h durch C, D und E, zu k durch F, G und H.

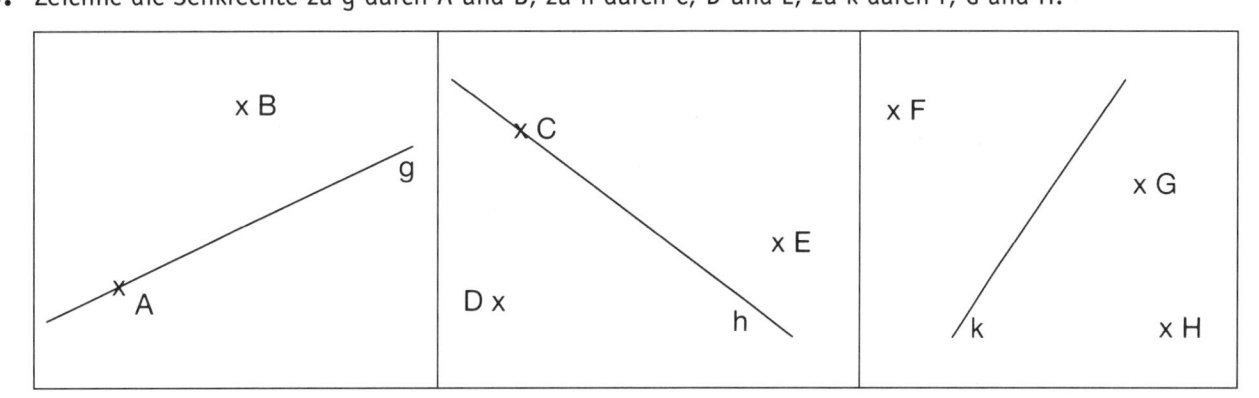

4. Zeichne die Parallele zu g durch A, zu h durch B und C, zu k durch D, E und F.

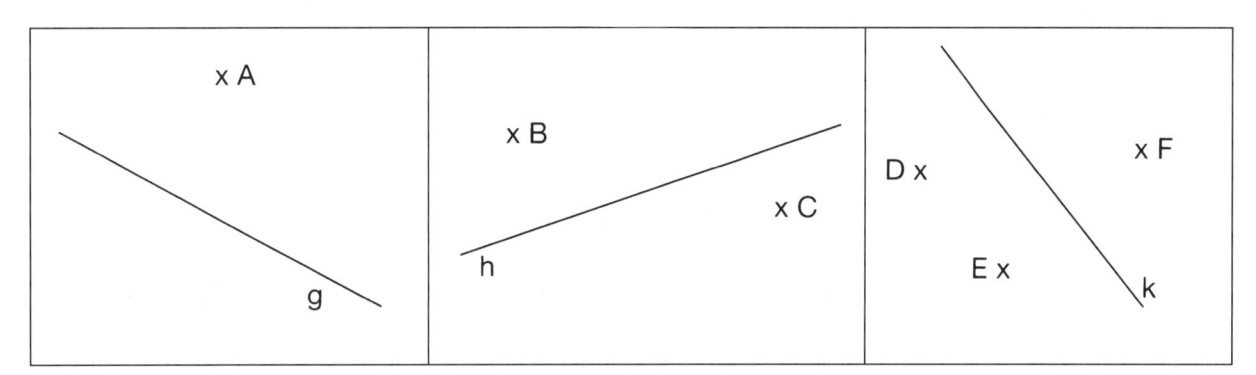

5. Bestimme die Abstände der Punkte (in Aufgabe 4) von der Geraden g bzw. h bzw. k:

   a) A: _____ mm   B: _____ mm   C: _____ mm

   b) D: _____ mm   E: _____ mm   F: _____ mm

   Zu Seite 93

17

Rechteck, Quadrat

Zu Seite 96 und 97

1. a) Verbinde die Punkte A und B. Ergänze mit dem Geodreieck zu einem Quadrat.

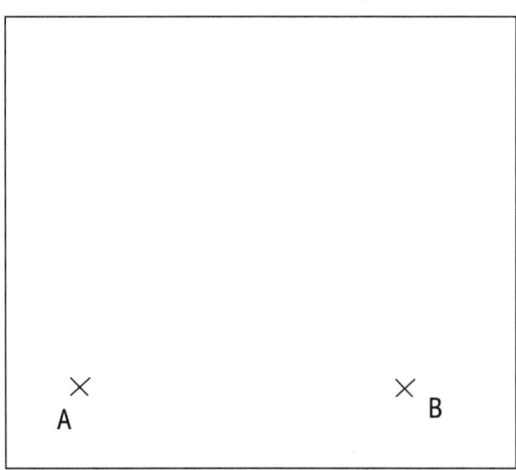

   b) Verbinde die Punkte A und C. Das ist eine Diagonale des Quadrats. Zeichne das Quadrat.

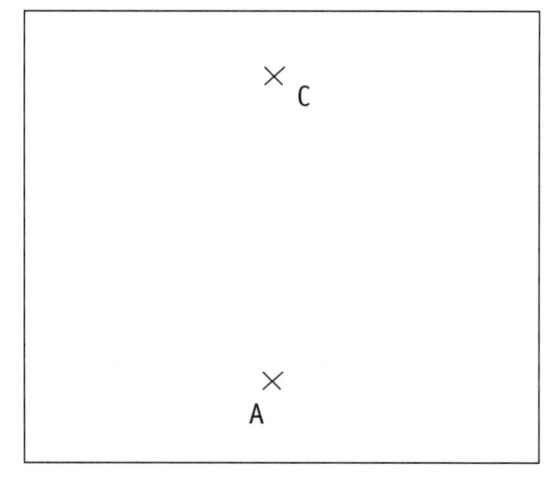

2. a) Zeichne das Rechteck. Die Seite $\overline{AB}$ soll 6 cm, die Seite $\overline{BC}$ 3 cm lang sein.
   b) Zerlege das Rechteck in zwei Quadrate.
   c) Zerlege das linke Quadrat in 4 gleich große Quadrate, das rechte in 9 gleich große Quadrate.

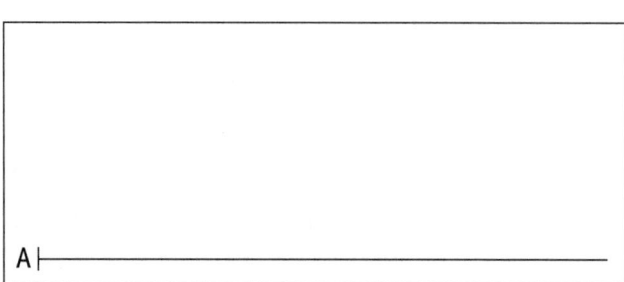

3. Verbinde die Punkte A, B und C und ergänze mit dem Geodreieck zu einem Rechteck.

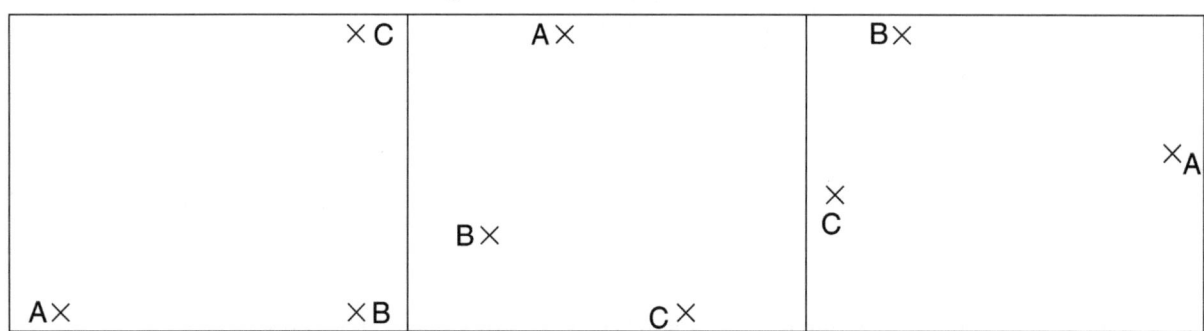

4. a) Verbinde jeweils 4 Punkte so, dass du 5 Quadrate erhältst.
   b) Gib an, wie viele Rechtecke du in dieser Zeichnung erkennst.

   Es sind _____ Rechtecke.

   c) Zeichne weitere Figuren. Ergänze Punkte, wenn nötig.

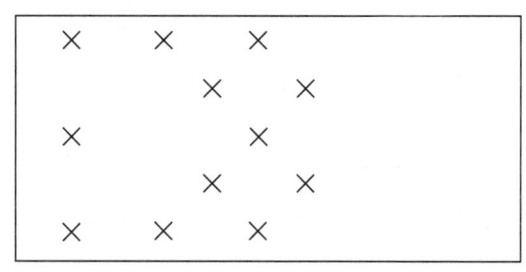

5. Bestimme den Mittelpunkt des Rechtecks (Quadrats). Es gibt zwei Möglichkeiten, ihn zu finden.

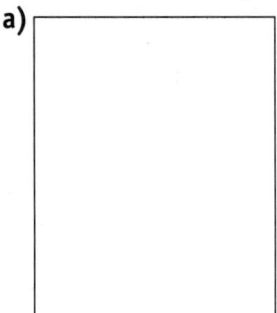

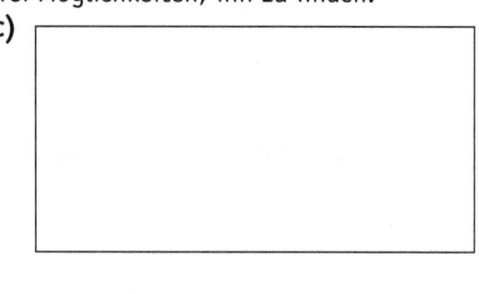

   a)   b)   c)

Parallelogramm, Raute

1. Verbinde jeweils 4 Punkte zu einem Viereck. Den Punkt für den fett gedruckten Buchstaben musst du zuerst passend ergänzen. Dann entsteht das gewünschte Viereck.
   a) Quadrat: A B C **D**   b) Rechteck: E F G **H**   c) Parallelogramm I J K L   d) Raute: M N **O** P

Zu Seite 98

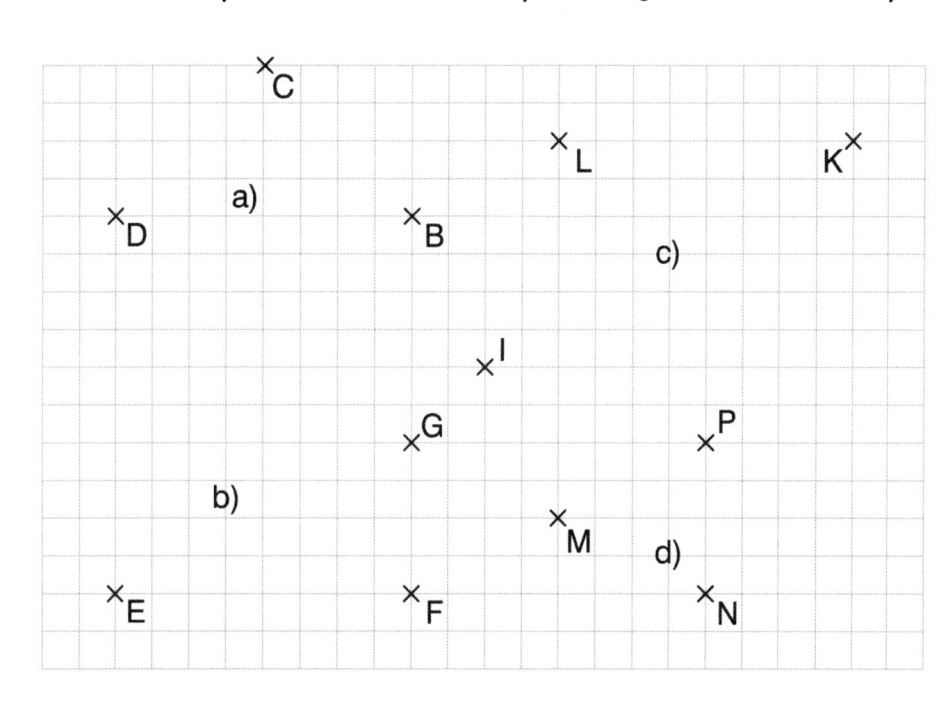

2. Verbinde jeweils 4 Punkte zu einem Viereck. Den 4. Punkt musst du zuerst passend ergänzen, damit folgendes Viereck entsteht. Manchmal gibt es mehrere Möglichkeiten für den 4. Punkt.
   a) Parallelogramm: A B C **D**   b) Rechteck: E F G **H**   c) Parallelogramm: I J K L
   d) Raute: M N **O** P   e) Quadrat: Q R S **T**   f) Raute: U V W X

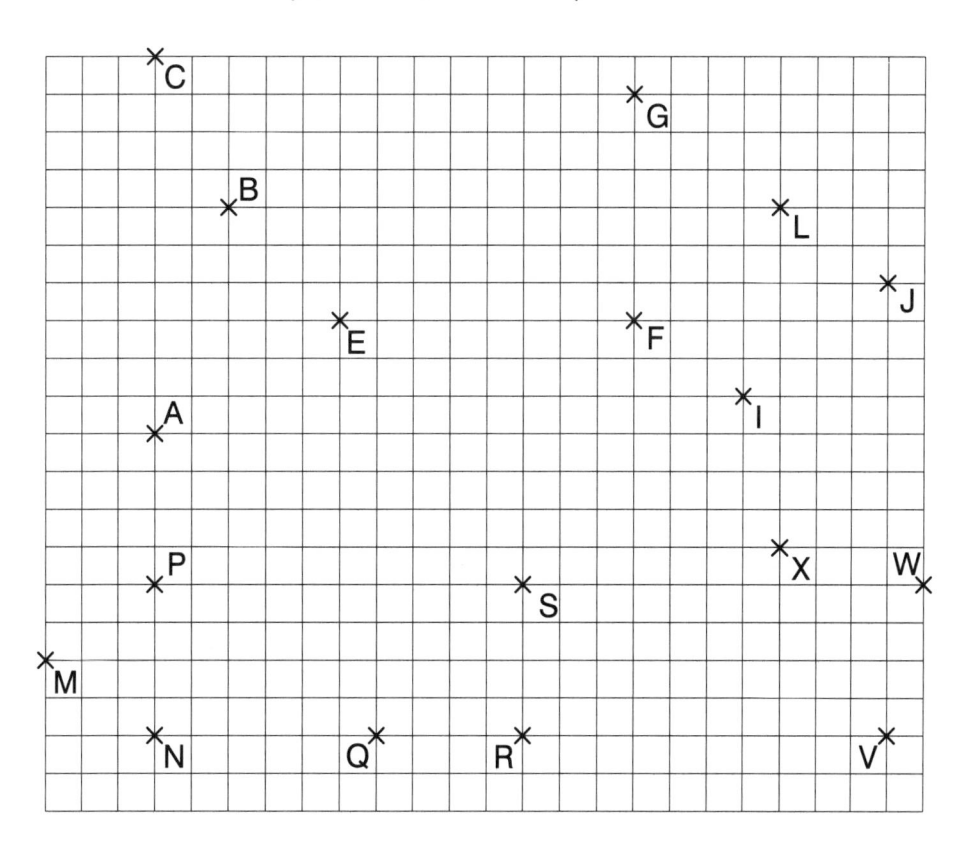

Vierecke im Quadratgitter

1. Trage die Punkte in das Quadratgitter ein. Verbinde sie in der angegebenen Reihenfolge zu einem Viereck. Welches Viereck entsteht?

a) A (7|0), B (9|0), C (9|2), D (7|2)

b) E (4|1), F (4|7), G (2|7), H (2|1)

c) I (5|7), J (9|7), K (9|9), L (5|9)

d) M (5|3), N (8|3), O (8|6), P (5|6)

e) Q (1|9), R (2|8), S (3|9), T (2|10)

Name des Vierecks:

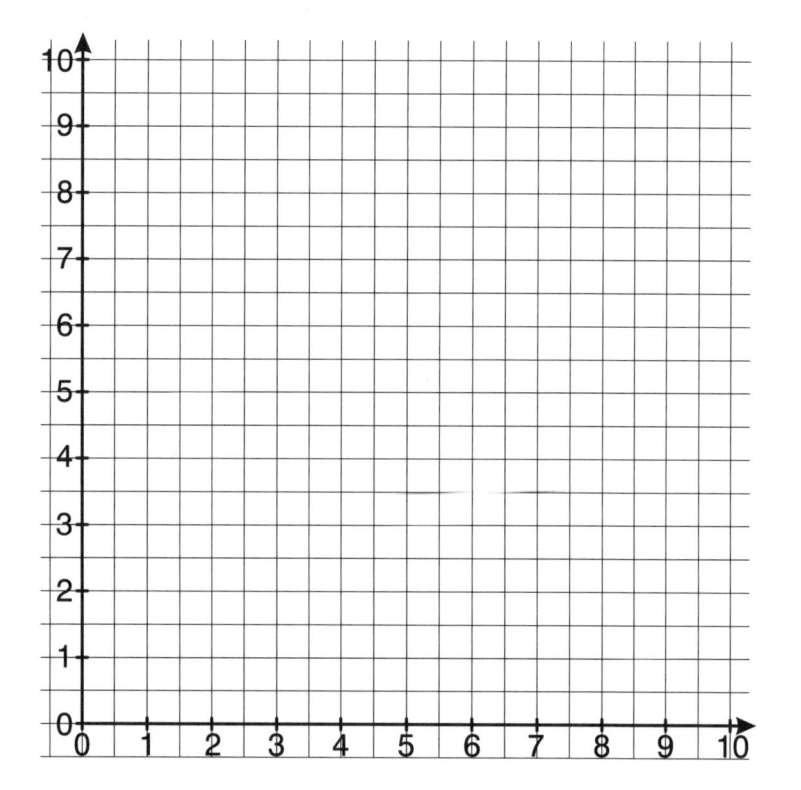

a) _____

b) _____

c) _____

d) _____

e) _____

2. In der Zeichnung sind von den Vierecken nur jeweils drei Punkte eingezeichnet. Der fett gedruckte Punkt fehlt.

① A**B**CD,

② IJK**L**,

③ **Q**RST,

④ E**F**GH

⑤ M**N**OP

a) Ergänze jeweils den vierten Punkt so, dass ein Rechteck entsteht.

b) Notiere die Koordinaten der ergänzten Punkte.

① B (___|___)

② L (___|___)

③ Q (___|___)

④ F (___|___)

⑤ N (___|___)

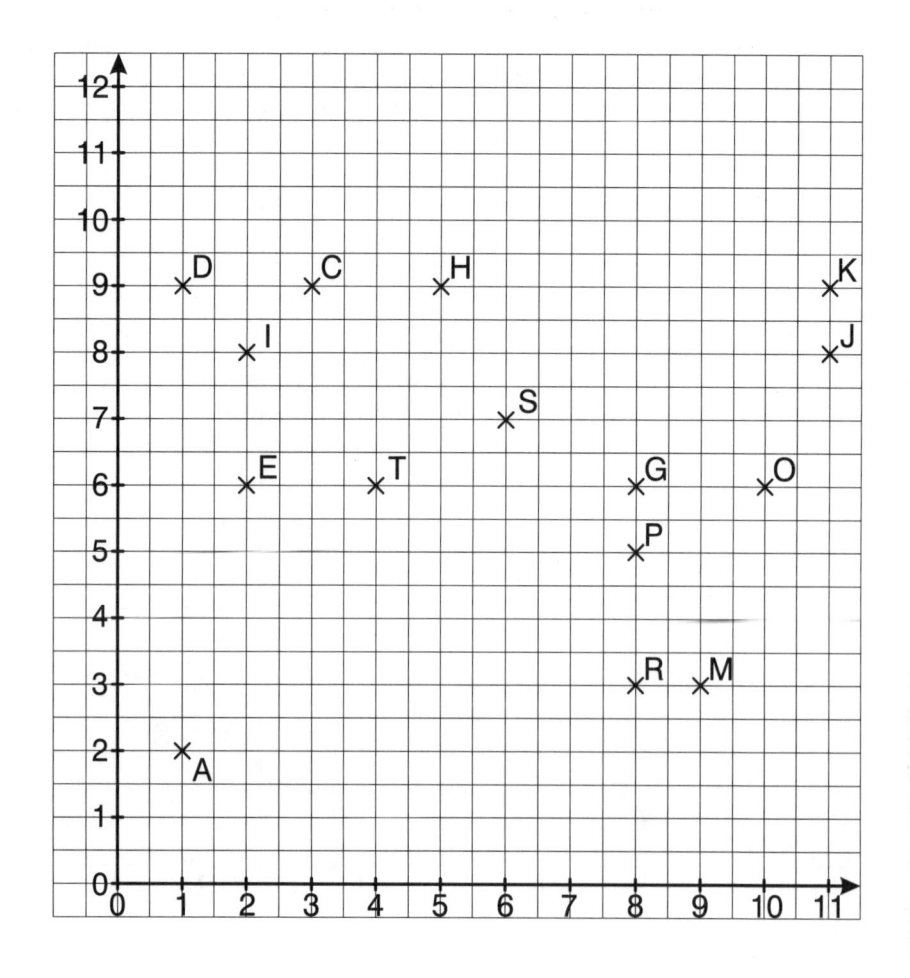

c) Welche Vierecke sind Quadrate? _____

Zu Seite 102

Achsensymmetrische Figuren

1. Von einer symmetrischen Figur ist die Hälfte gezeichnet. Ergänze die Figur.

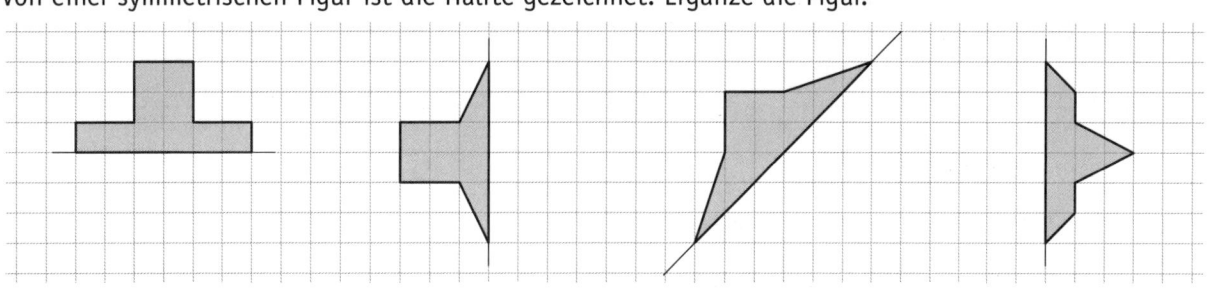

2. Ergänze die Figur so, dass sie achsensymmetrisch ist.

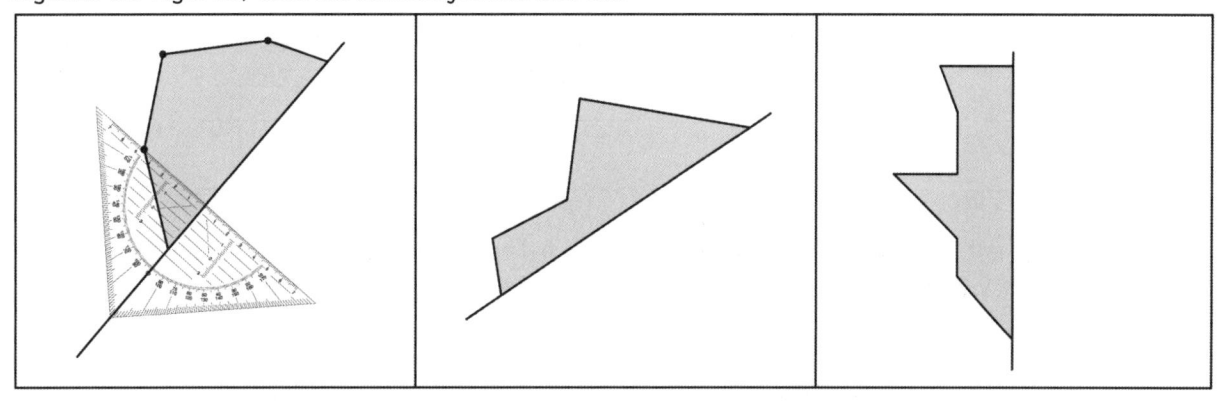

3. Zeichne alle Spiegelachsen ein. Kontrolliere mit einem richtigen Spiegel.

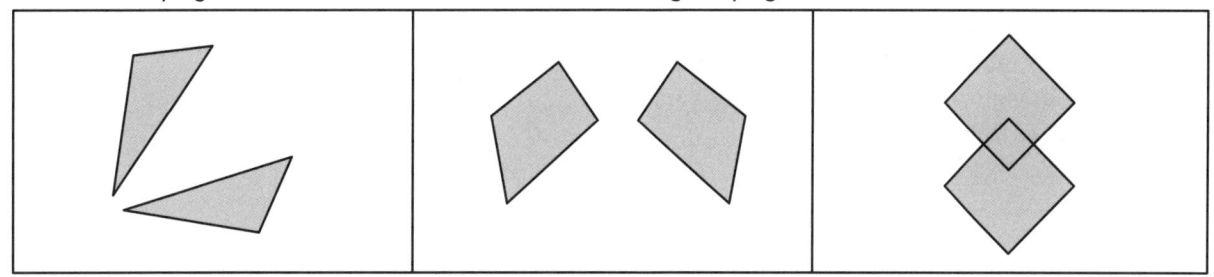

4. Spiegele die Buchstaben an der Spiegelachse g bzw. h.

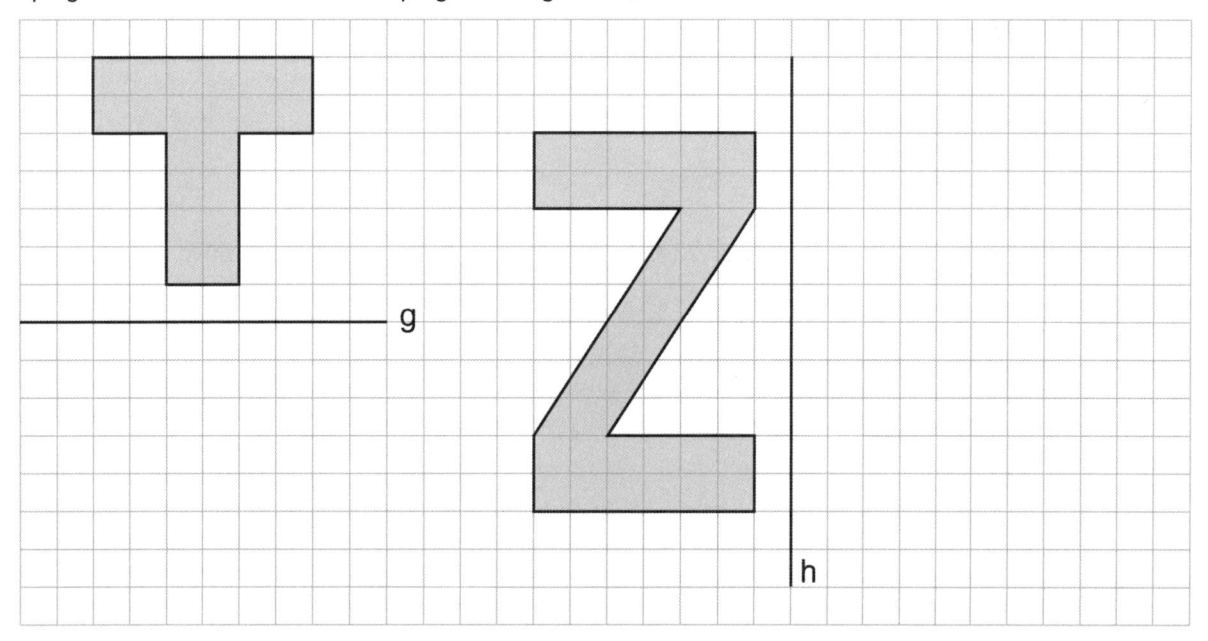

Zu Seite 105 bis 107

Geld

Zu Seite 112 und 113

1. Ordne nach der Größe. Beginne mit dem kleinsten Preis.

423 Cent   2,05 €   24 €   20 €   5 Cent   0,75 €   64 Cent   101 Cent   3 €   12 Cent

_____

2. Berechne die fehlenden Beträge.

Alter Preis	225,15 €	29,74 €	58,25 €	527,43 €		
Preisnachlass	34,07 €	2,86 €			23,14 €	102,05 €
Neuer Preis			42,75 €	419,95 €	96,98 €	724,95 €

3.
```
  243,13 €        417,34 €       1 000,00 €      353,14 €       439,28 €
+  97,59 €      + 324,46 €     +   327,43 €    +  29,18 €     + 160,72 €
+ 139,21 €      + 524,20 €     +   672,57 €    + 111,25 €     + 211,04 €
```

[32]   [15]   [2]   [28]   [14]

4. Du bezahlst mit zwei 20-€-Scheinen. Wie viel Euro bekommst du zurück?

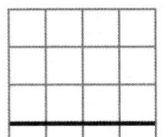

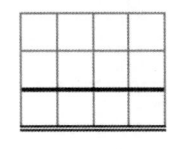

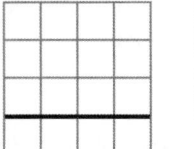

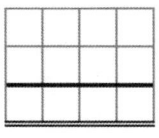

a) 12,45 € + 9,98 € + 17,05 €

b) 6,45 € + 14,59 € + 10,09 €

5. Frau Stein kauft beim Metzger 2 kg Schweinebraten, das Kilogramm zu 3,46 €, und 7 Paar Würstchen, das Paar zu 0,95 €.

Frage: _____

Antwort: _____

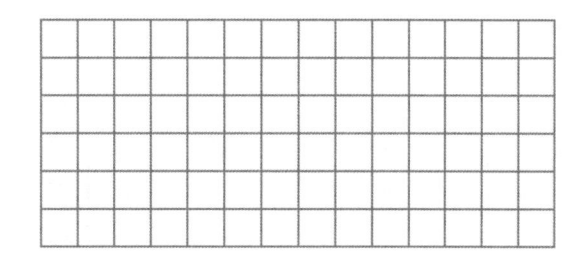

6. Anne kauft 3 Flaschen Saft zu je 0,75 € und 2 Pakete Salzstangen zu je 0,59 €.

Frage: _____

Antwort: _____

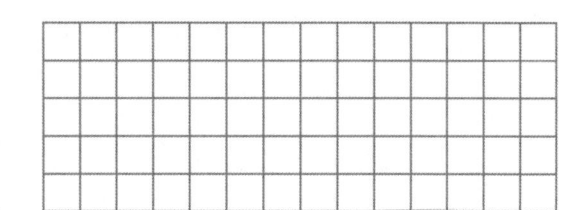

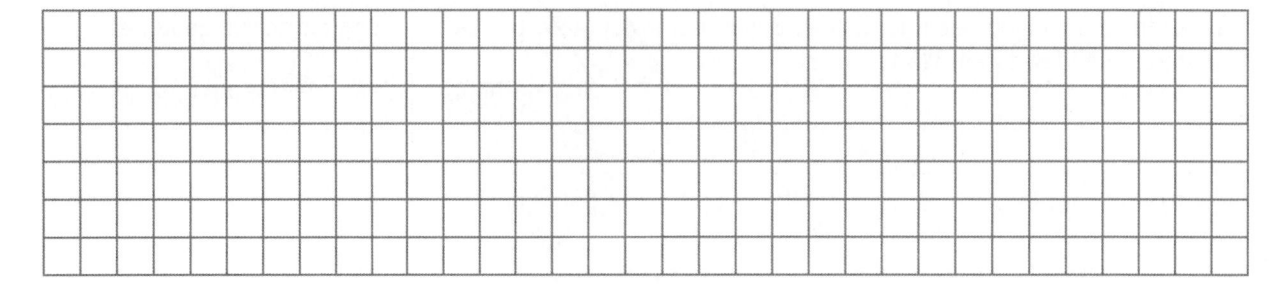

7.

2,45 € · 12 = _____ €   212,73 € · 14 = _____ €   1 471,80 € · 6 = _____ €

5,75 € · 15 = _____ €   310,05 € · 22 = _____ €   2 261,25 € · 5 = _____ €

Längen messen und umrechnen, Kommaschreibweise

1. Miss die Strecken und schreibe die Längen in cm und mm dazu.

a |—————————————————| b |—————————————|
c |————————| d |——————————| e |———————————|
f |———|

a = _____ cm = _____ mm   b = _____   c = _____
d = _____   e = _____   f = _____

Zu Seite 114 und 115

2. Rechne um in mm.

a) 15 cm = _____ mm   b) 8 cm = _____ mm   c) 30 cm = _____ mm   d) 55 cm = _____ mm

3. Wie viel cm sind es?

a) 3 dm = _____ cm   b) 12 dm = _____ cm   c) 2 m = _____ cm   d) 1 m 20 cm = _____ cm

27 dm = _____ cm   100 dm = _____ cm   12 m = _____ cm   2 m 15 cm = _____ cm

4. Rechne um in die angegebene Einheit.

a) 2 km = _____ m   b) 1 km 500 m = _____ m   c) 5 km 200 m = _____ m

8 km = _____ m   12 km 120 m = _____ m   8 km 225 m = _____ m

5. Fülle die Tabelle aus.

cm	mm	Kommaschreibweise
15	4	
2	8	
		0,7 cm
		12,3 cm

m	cm	Kommaschreibweise
10	25	
8	3	
		11,54 m
		107,05 m

km	m	Kommaschreibweise
3	207	
7	390	
		21,325 km
		42,095 km

Zu Seite 116

6. 3,12 m = _____ cm   3,4 dm = _____ cm   1,5 cm = _____ mm   3,400 km = _____ m

6,04 m = _____ cm   0,2 dm = _____ cm   12,3 cm = _____ mm   1,255 km = _____ m

7. 95 cm = _____ m   99 cm = _____ dm   28 mm = _____ cm   850 m = _____ km

5 000 cm = _____ m   4 cm = _____ dm   130 mm = _____ cm   3 200 m = _____ km

8. Ordne die Längen nach der Größe. Beginne mit der kleinsten Länge. Wenn du richtig geordnet hast, erhältst du ein Wort.

a) 3,50 m (P)   35 cm (S)   750 cm (O)   63 m (T)   28 m (R)

_____

b) 250 cm (R)   2,75 m (D)   350 mm (F)   3 dm (P)   18 dm (E)

_____

Rechnen mit Längenmaßen

Zu Seite 117 bis 119

1. Wie viel Zentimeter fehlen bis zum ganzen Meter?

a) 58 cm + _____ = 1 m   b) 0,82 m + _____ = 1 m   c) 3,5 dm + _____ = 1 m

    34 cm + _____ = 1 m   0,75 m + _____ = 1 m   6,4 dm + _____ = 1 m

    51 cm + _____ = 1 m   0,19 m + _____ = 1 m   8,9 dm + _____ = 1 m

2. Wie viel Meter fehlen bis zum ganzen Kilometer?

a) 400 m + _____ = 1 km   b) 0,2 km + _____ = 1 km

    750 m + _____ = 1 km   0,75 km + _____ = 1 km

    510 m + _____ = 1 km   0,6 km + _____ = 1 km

    320 m + _____ = 1 km   0,45 km + _____ = 1 km

> Beispiel:
> 250 m + 750 m = 1 km
> 0,3 km + 0,7 km = 1 km

3. Ordne der Größe nach. Beginne mit der kleinsten Länge. Lösungswort?

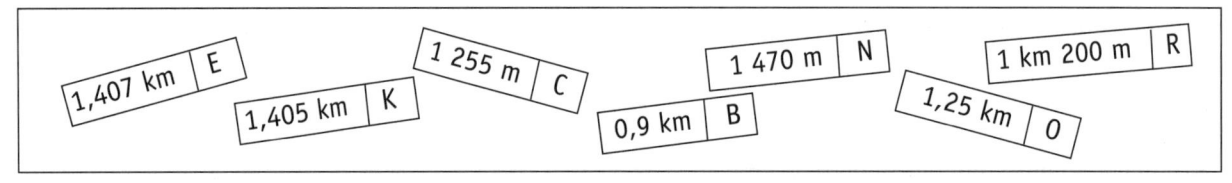

| 1,407 km | E | | 1 255 m | C | | 1 470 m | N | | 1 km 200 m | R |
| 1,405 km | K | | 0,9 km | B | | 1,25 km | O |

_____

_____

4. Wandle um in eine kleinere Einheit und rechne aus.

a) 2,80 m + 1,25 m = 280 cm + 125 cm = _____ cm = _____ m

    6,05 m − 3,28 m = _____ − _____ = _____ = _____ m

b) 15,5 cm + 65,2 cm = _____ + _____ = _____ = _____ cm

    75,5 cm − 49,6 cm = _____ − _____ = _____ = _____ cm

c) 23,2 km + 14,5 km = _____ + _____ = _____ = _____ km

    34,8 km − 9,6 km = _____ − _____ = _____ = _____ km

5. Schreibe wie im Beispiel a) und rechne aus.

a) 3,75 m · 4 = 375 cm · 4 = _____ cm = _____ m

    4,55 m : 5 = _____ : 5 = _____ = _____ m

b) 10,5 km · 3 = _____ · 3 = _____ = _____ km

    24,8 km : 8 = _____ : 8 = _____ = _____ km

6. Kannst du die fehlenden Zahlen ergänzen?

a) 3,25 m + _____ = 6,05 m   b) _____ − 4,55 m = 1,99 m   c) 12 m : _____ = 2,4 m

d) 5,45 m − _____ = 3,66 m   e) _____ + 11,33 m = 35,55 m   f) 0,65 m · _____ = 7,8 m

Masse

1. Wie viel Gramm sind es?
   3 kg = _____ g   15 kg = _____ g   1 kg 20 g = _____ g   12 kg 120 g = _____ g

2. Wie viel Kilogramm und Gramm sind es?
   2 200 g = _____ kg _____ g   1 225 g = _____ kg _____ g   10 075 g = _____ kg _____ g

3. Wie viel fehlt am vollen Kilogramm?
   125 g + _____ g = 1 kg   750 g + _____ g = 1 kg   678 g + _____ g = 1 kg
   1 200 g + _____ g = 2 kg   4 205 g + _____ g = 5 kg   2 005 g + _____ g = 3 kg

4. Wie viel Kilogramm sind es?
   25 t = _____ kg   7 t = _____ kg   4 t 500 kg = _____ kg   5 t 75 kg = _____ kg

5. Wie viel Tonnen sind es ungefähr? Runde auf ganze Tonnen (t).
   1 266 kg ≈ _____ t   2 644 kg ≈ _____ t   7 499 kg ≈ _____ t   10 505 kg ≈ _____ t

6. Rechne um.
   5,347 kg = _____ g   12,5 kg = _____ g   3,7 t = _____ kg
   0,250 kg = _____ g   8,4 kg = _____ g   0,9 t = _____ kg
   0,019 kg = _____ g   3,7 kg = _____ g   7,5 t = _____ kg

7. 80 g = _____ kg   900 g = _____ kg   350 kg = _____ t
   5 004 g = _____ kg   1 500 g = _____ kg   2 005 kg = _____ t
   3 675 g = _____ kg   8 005 g = _____ kg   3 076 kg = _____ t

8. Wie viel Kilogramm sind es?
   6,4 t = _____ kg   5,05 t = _____ kg   2,25 t = _____ kg   1,025 t = _____ kg
   0,5 t = _____ kg   7,5 t = _____ kg   0,25 t = _____ kg   2,250 t = _____ kg

9. Überschlage zuerst, dann rechne genau. Beachte die Maßeinheiten.
   4,2 kg + 2,5 kg = _____ kg   3,5 kg · 125 = _____ t   9,6 kg : 80 = _____ g
   5,8 kg − 1,9 kg = _____ kg   16,3 kg · 91 = _____ t   22,5 kg : 300 = _____ g

10. Rechne, dann ordne. Beginne mit der kleinsten Größe. Du erhältst ein Lösungswort.
    a) | 4 · 13 kg | F | | 1 kg − 480 g | T | | 10 · 52 kg | E | | 10,4 kg : 2 | A | | 6 t − 800 kg | L |

    _____

    b) | 500 g · 5 | S | | 1 kg : 8 | A | | 1½ kg | R | | 2 kg − 250 g | I | | 1/10 von 1 kg | P |

    _____

Zeit

1. Wie viele Stunden (h) sind es?

a) 2 Tage = _____ h   b) 3 Tage = _____ h   c) ein halber Tag = _____ h

2. Wie viele Minuten (min) oder Sekunden (s) sind es?

a) 2 h = _____ min   b) 10 min = _____ s   c) 480 s = _____ min

4 h = _____ min   30 min = _____ s   1 200 s = _____ min

3. Wie viele Stunden (h) oder Minuten (min) sind es?

a) 1 Tag 5 h = _____ h   b) 1 h 15 min = _____ min   c) 2 h 45 min = _____ min

2 Tage 8 h = _____ h   3 h 30 min = _____ min   4 h 55 min = _____ min

4. Rechne um in Jahre (J) und Monate (Mon).

a) 34 Mon = _____ J _____ Mon   b) 100 Mon = _____ J _____ Mon

c) 125 Mon = _____ J _____ Mon   d) 225 Mon = _____ J _____ Mon

5. Rechne um.

5 min 12 s = _____ s   3 h 10 min = _____ min   5 Tage 3 h = _____ h

3 min 4 s = _____ s   5 h 9 min = _____ min   2 Tage 11 h = _____ h

30 min 45 s = _____ s   12 h 13 min = _____ min   7 Tage 20 h = _____ h

6. Wie viele Minuten sind es bis zur nächsten vollen Stunde?

a) 7.45 Uhr: _____ min   b) 11.15 Uhr: _____ min   c) 13.05 Uhr: _____ min

7. Ordne die Zeitangaben nach ihrer Dauer. Beginne mit der kürzesten Dauer. Wie heißt das Lösungswort?

| 40 min | M | | 1 h 15 min | A | | $\frac{3}{4}$ h | O | | 90 min | T | | 3 000 s | N |

8.

Abfahrt	13.24 Uhr	8.07 Uhr		22.59 Uhr	23.41 Uhr	
Fahrzeit	4 h 36 min		2 h 17 min	1 h 2 min		2 h 7 min
Ankunft		16.02 Uhr	12.00 Uhr		0.59 Uhr	1.12 Uhr

9. Berechne die Zahl der Tage, die seit Jahresanfang vergangen sind, oder setze das Datum ein. Das Jahr soll kein Schaltjahr sein.

Datum	14. 2.	17. 3.	23. 5.	3. 9.	11. 11.				
Zahl der Tage	45				15	111	230	300	365

10. Der 1. Mai 2004 war ein Samstag. Fritz meint: „In 1 001 Tagen haben wir Dienstag." Welcher Wochentag ist es wirklich?

Antwort: _____

Parkettieren mit Quadratzentimetern

1. Hier siehst du drei Terrassen, die mit gleichen quadratischen Platten ausgelegt sind. Ordne die Terrassen nach der Größe. Beginne mit der kleinsten. Beschreibe wie du vergleichst.

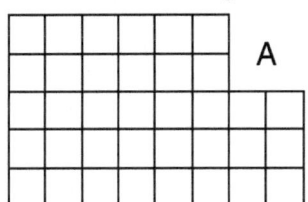

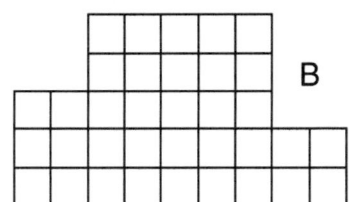

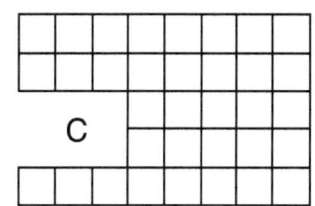

A   B   C

_____

_____

2. Hier siehst du drei Terrassen, die mit gleichen rechteckigen Platten ausgelegt sind. Ordne die Terrassen nach der Größe. Beginne mit der kleinsten. Bestimme die Zahl der Platten.

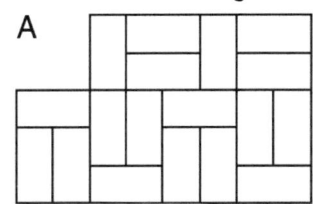

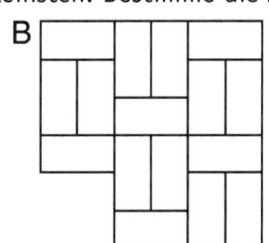

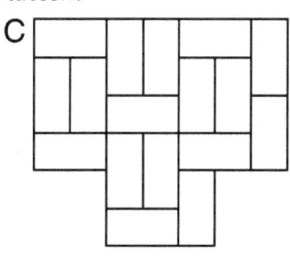

A   B   C

_____

3. Gib den Inhalt der Flächen in cm² an:

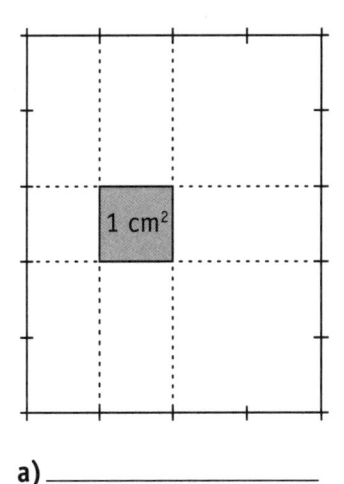

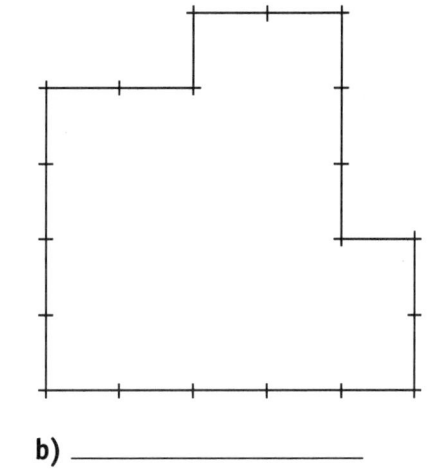

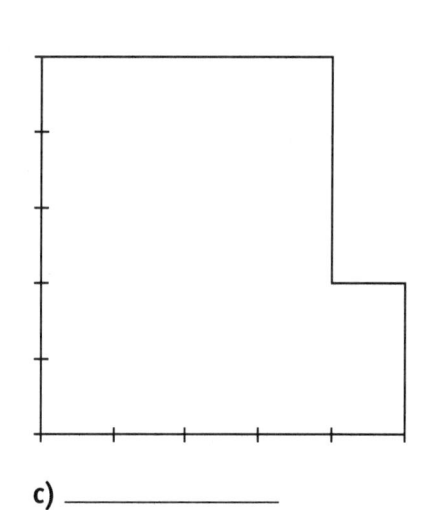

1 cm²

a) _____   b) _____   c) _____

4. Zeichne drei verschiedene Flächen mit jeweils 12 cm² Inhalt.

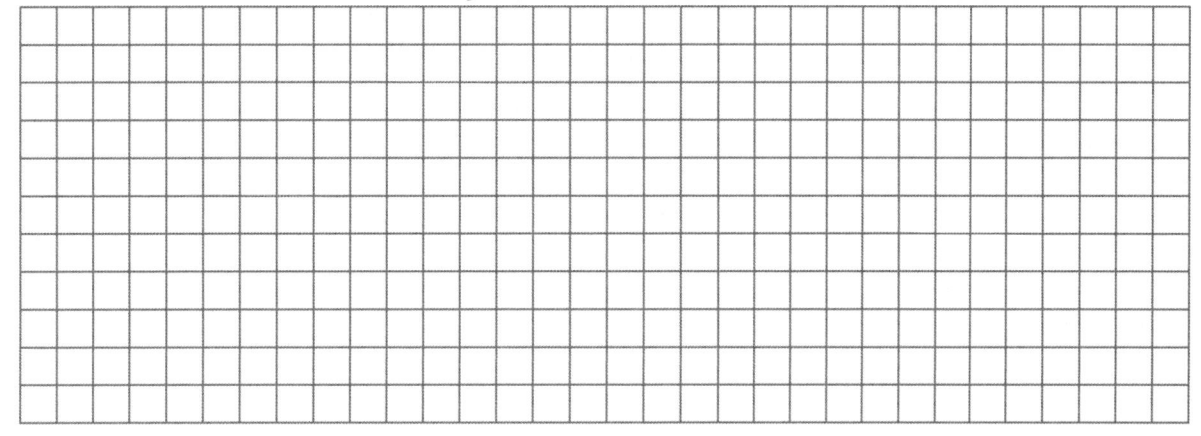

Zu Seite 140

Flächeninhalt und Umfang des Rechtecks

Zu Seite 141 bis 143

1. Bestimme Umfang und Flächeninhalt.

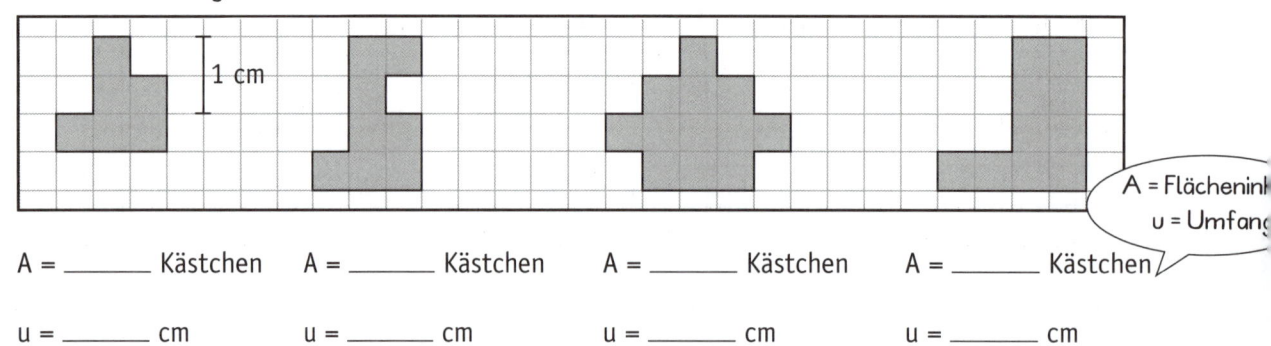

   A = _____ Kästchen   A = _____ Kästchen   A = _____ Kästchen   A = _____ Kästchen

   u = _____ cm   u = _____ cm   u = _____ cm   u = _____ cm

   A = Flächeninhalt
   u = Umfang

2. Miss Länge und Breite der Rechtecke, dann berechne den Flächeninhalt.

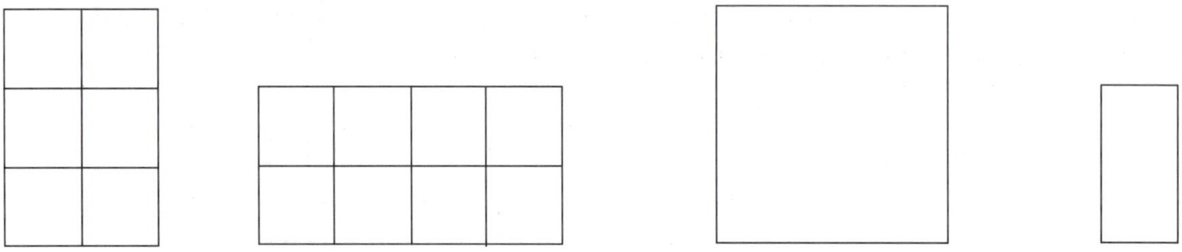

   A = _____   A = _____   A = _____   A = _____

3. Eine Weide ist 150 m lang und 260 m breit. Sie wird eingezäunt. Wie lang ist der Zaun?

   Rechnung: _____   Antwort: _____

4. Ein Baugrundstück ist 25 m breit und 45 m lang. Der Preis für einen Quadratmeter beträgt 125 €. Wie hoch ist der Preis für das Grundstück?

   Antwort: _____

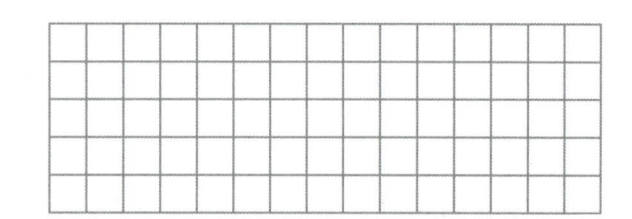

5. Berechne die fehlenden Werte.

Länge	50 cm	45 m	37 cm	42 cm	60 cm	30 cm
Breite	75 cm	52 m	40 cm	35 cm		
Umfang						
Flächeninhalt					2 400 cm²	1 800 cm²

6. 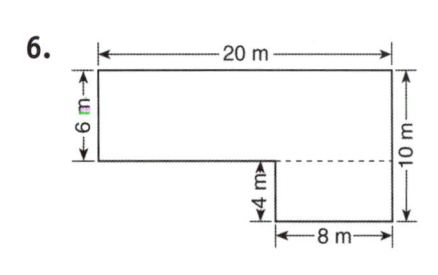
   u = _____

   A = _____ 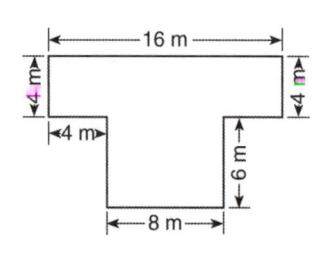

   u = _____

   A = _____

28

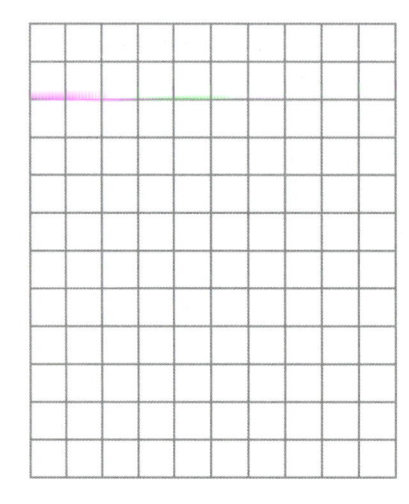

Flächenmaße dm², cm², mm²

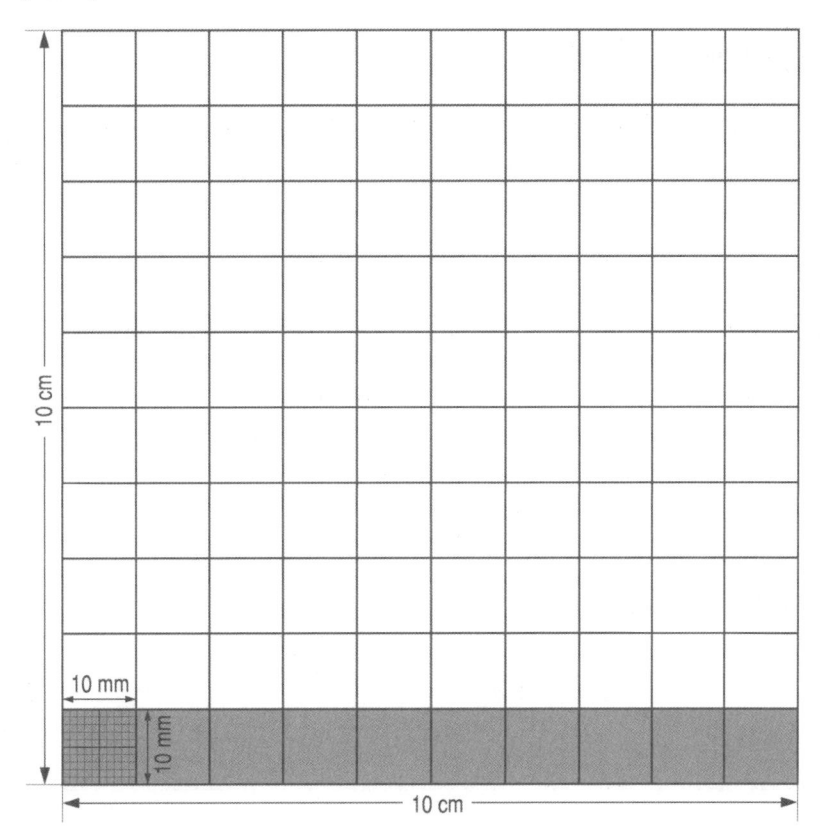

1. a) Wie viele Maßquadrate von 1 cm² sind in einem Streifen enthalten? _____

b) Wie viele Streifen hat das gesamte Maßquadrat von 1 dm²? _____

c) Wie viele cm² enthält das gesamte Maßquadrat von 1 dm²? _____

d) Wie viele mm² passen in ein kleines Quadrat von 1 cm Seitenlänge? _____

e) Wie viele mm² passen in einen Streifen? _____

f) Wie viele mm² passen in das gesamte Maßquadrat von 1 dm²? _____

2. Wandle um in cm².

a) 3 dm² = _____   b) 12 dm² = _____   c) 40 mm² = _____   d) 90 mm² = _____

7 dm² = _____   25 dm² = _____   120 mm² = _____   500 mm² = _____

3. Wandle um in cm² und mm².

a) 5 dm² = _____ cm² = _____ mm²   b) 2 dm² = _____ cm² = _____ mm²

11 dm² = _____ cm² = _____ mm²   45 dm² = _____ cm² = _____ mm²

4. Wandle um in dm².

a) 30 cm² = _____ dm²   b) 500 cm² = _____ dm²   c) 12 000 mm² = _____ dm²

800 cm² = _____ dm²   1 500 cm² = _____ dm²   20 000 mm² = _____ dm²

1 600 cm² = _____ dm²   5 000 cm² = _____ dm²   1 500 mm² = _____ dm²

Zu Seite 145

Umwandeln, Maße großer Flächen

Zu Seite 146 bis 149

1. Wandle in die angegebene Einheit um.

   a) 1 cm² = _____ mm²   1 dm² = _____ cm²   1 m² = _____ dm²   1 km² = _____ m²

   b) 1 a = _____ m²   1 ha = _____ a   1 ha = _____ m²   1 km² = _____ a

2. a) 27 cm² = _____ mm²   64 m² = _____ dm²   37 m² = _____ cm²   70 m² = _____ cm²

   b) 83 dm² = _____ cm²   47 ha = _____ a   61 dm² = _____ mm²   93 km² = _____ a

   c) 19 km² = _____ ha   146 a = _____ m²   104 ha = _____ m²   100 ha = _____ m²

3. 3 m² 53 dm² = _____ dm²   4 a 51 m² = _____ m²   1 cm² _____ = 171 mm²

   8 m² 46 dm² = _____ dm²   76 ha 4 a = _____ a   _____ = 396 cm²

4. Ordne der Größe nach. Rechne erst um. Wie heißt das Lösungswort?

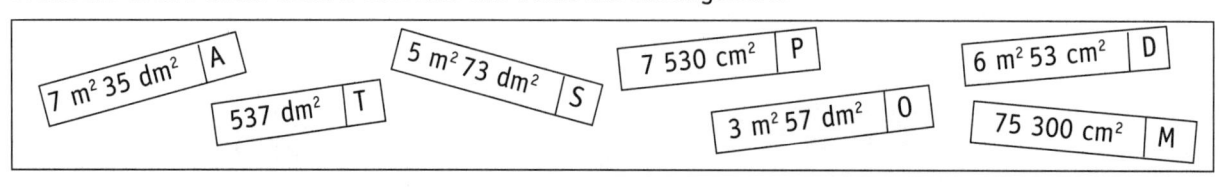

7 m² 35 dm²	A
537 dm²	T
5 m² 73 dm²	S
7 530 cm²	P
3 m² 57 dm²	O
6 m² 53 cm²	D
75 300 cm²	M

   _____

   _____

5. Ordne wie in Aufgabe 4.
   88 ha 70 a   8 804 a   89 ha 3 a   88 700 m²   87 ha 99 m²   887 100 m²

   _____

   _____

6. Fülle mindestens die hellen Felder in der Tabelle aus.

	km²	ha	a	m²	dm²	cm²	mm²
a)			200				
b)				7			
c)							90 000
d)		400					
e)			14				

7. Fülle die Tabelle aus.

	m²	m² (zerlegt)	a, m²
a)	3 920 m²	3 900 m² + 20 m²	
b)			5 a 45 m²
c)		54 500 m² + 65 m²	
d)	7 005 m²		
e)	809 m²		

Stammbrüche, Rechnen mit Stammbrüchen

Zu Seite **156** und **157**

1. Färbe die angegebenen Bruchteile.

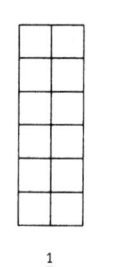

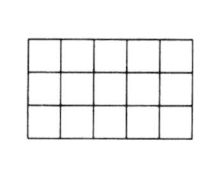

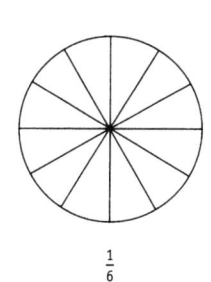

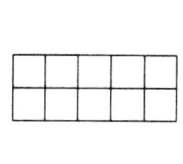

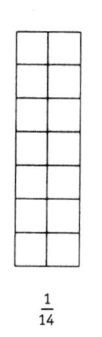

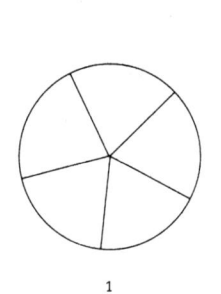

$\frac{1}{2}$ $\frac{1}{3}$ $\frac{1}{6}$ $\frac{1}{10}$ $\frac{1}{14}$ $\frac{1}{5}$

2. Zeichne in alle drei Rechtecke den Bruchteil $\frac{1}{5}$ ein.

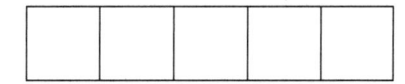

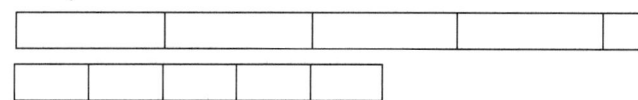

3. Berechne.

a) $\frac{1}{2}$ m = _____ cm   b) $\frac{1}{4}$ m = _____ cm   c) $\frac{1}{2}$ kg = _____ g   d) $\frac{1}{8}$ km = _____ m

4. Wandle erst um und berechne dann.

a) $\frac{1}{5}$ von 2 m = $\frac{1}{5}$ von _____ cm = _____ cm   b) $\frac{1}{6}$ von 9 kg = $\frac{1}{6}$ von _____ g = _____ g

5. Wie viel Gramm sind es?

a) $\frac{1}{5}$ von 1 kg = ___ g   b) $\frac{1}{4}$ von 1 kg = ___ g   c) $\frac{1}{4}$ von 2 kg = ___ g   d) $\frac{1}{10}$ von 2 kg = ___ g

6. Schreibe als Bruchteil.

a) 250 g = _____ kg   b) 50 cm = _____ m   c) 25 Cent = _____ €   d) 200 m = _____ km

7. Berechne die Bruchteile.

a) $\frac{1}{10}$ von 50 € = _____ €   b) $\frac{1}{5}$ von 120 kg = _____ kg

$\frac{1}{3}$ von 48 € = _____ € $\frac{1}{6}$ von 600 g = _____ g

$\frac{1}{4}$ von 100 € = _____ € $\frac{1}{12}$ von 2 400 m = _____ m

8. Rolfs Sommerferien dauern 45 Tage, $\frac{1}{3}$ davon sind schon vorüber.

a) Wie viele Tage sind das?   Rechnung: _____

                                  Antwort: _____

b) Wie lange hat Rolf noch Ferien?   Rechnung: _____

                                  Antwort: _____

9. Andreas erhält 12 € Taschengeld. Wie viel Euro gibt er davon aus?

$\frac{1}{3}$ für Kino = _____ € $\frac{1}{4}$ für Comic-Hefte = _____ €

$\frac{1}{6}$ für Fahrkarten = _____ € $\frac{1}{12}$ für Snacks = _____ €

Brüche mit dem Nenner 10, 100 oder 1000, Dezimalbrüche

1. a) 5 dm = $\frac{5}{10}$ m   b) 25 cm = ——— m   c) 7 mm = ——— m   d) 5 g = ——— kg

9 dm = ——— m   75 cm = ——— m   125 mm = ——— m   250 g = ——— kg

2. Schreibe nun umgekehrt.

a) $\frac{6}{10}$ m = ——— dm   b) $\frac{7}{100}$ m = ——— cm   c) $\frac{5}{1000}$ m = ——— mm   d) $\frac{125}{1000}$ kg = ——— g

$\frac{15}{10}$ m = ——— dm $\frac{50}{100}$ m = ——— cm $\frac{75}{1000}$ m = ——— mm $\frac{750}{1000}$ kg = ——— g

3. Addiere die Brüche.

a) $\frac{5}{10} + \frac{4}{10}$ = ———   b) $\frac{18}{100} + \frac{25}{100}$ = ———   c) $\frac{8}{1000} + \frac{12}{1000}$ = ———   d) $\frac{25}{1000} + \frac{300}{1000}$ = ———

$\frac{4}{10} + \frac{8}{10}$ = ——— $\frac{6}{10} + \frac{12}{10}$ = ——— $\frac{15}{100} + \frac{8}{100}$ = ——— $\frac{51}{1000} + \frac{42}{1000}$ = ———

4. Subtrahiere die Brüche.

a) $\frac{9}{10} - \frac{6}{10}$ = ———   b) $\frac{40}{100} - \frac{18}{100}$ = ———   c) $\frac{400}{1000} - \frac{125}{1000}$ = ———   d) $\frac{250}{1000} - \frac{125}{1000}$ = ———

$\frac{15}{10} - \frac{8}{10}$ = ——— $\frac{24}{10} - \frac{9}{10}$ = ——— $\frac{85}{100} - \frac{24}{100}$ = ——— $\frac{120}{1000} - \frac{85}{1000}$ = ———

5. Schreibe als Dezimalbruch.

a) $\frac{9}{10}$ = ———   b) $\frac{24}{10}$ = ———   c) $\frac{41}{100}$ = ———   d) $\frac{120}{100}$ = ———   e) $\frac{9}{1000}$ = ———

$\frac{15}{10}$ = ——— $\frac{30}{10}$ = ——— $\frac{5}{100}$ = ——— $\frac{155}{100}$ = ——— $\frac{75}{1000}$ = ———

6. Schreibe als Bruch.

a) 0,5 = ———   b) 0,04 = ———   c) 0,15 = ———   d) 0,007 = ———

1,2 = ———   0,45 = ———   2,25 = ———   0,125 = ———

7. Berechne.

a) 0,2 + 0,5 = $\frac{2}{10} + \frac{5}{10} = \frac{}{10}$ = ———   e) 0,9 − 0,7 = ——— − ——— = ———

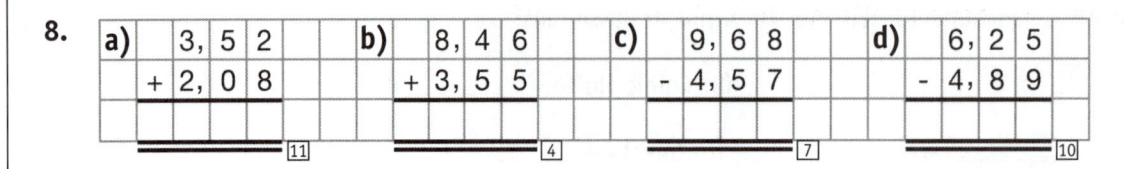

b) 0,8 + 0,9 = ——— + ——— = ———   f) 0,8 − 0,4 = ——— − ——— = ———

c) 0,21 + 0,34 = ——— + ——— = ———   g) 0,48 − 0,19 = ——— − ——— = ———

d) 0,12 + 0,55 = ——— + ——— = ———   h) 0,85 − 0,42 = ——— − ——— = ———

8.

a)		3	,	5	2
	+	2	,	0	8

[11]

b)		8	,	4	6
	+	3	,	5	5

[4]

c)		9	,	6	8
	−	4	,	5	7

[7]

d)		6	,	2	5
	−	4	,	8	9

[10]